二十四日

安意如 著

一年 一岁 一日 一时 一城 一池 一人 一事

IT'S A BEAUTIFUL DAY!

图书在版编目（CIP）数据

二十四日/安意如著. —北京:中华书局,2021.9
ISBN 978-7-101-15321-7

Ⅰ.二… Ⅱ.安… Ⅲ.二十四节气–风俗习惯–中国–通俗读物 Ⅳ.①P462-49②K892.18-49

中国版本图书馆 CIP 数据核字(2021)第 172198 号

书　　名	二十四日
著　　者	安意如
责任编辑	吴文娟　傅　可
出版发行	中华书局
	（北京市丰台区太平桥西里 38 号　100073）
	http://www.zhbc.com.cn
	E-mail:zhbc@zhbc.com.cn
印　　刷	北京瑞古冠中印刷厂
版　　次	2021 年 9 月北京第 1 版
	2021 年 9 月北京第 1 次印刷
规　　格	开本/920×1250 毫米　1/32
	印张 9　插页 8　字数 130 千字
印　　数	1-20000 册
国际书号	ISBN 978-7-101-15321-7
定　　价	40.00 元

目　录

序

万物有时

决定动笔写二十四节气的文章，实是因为新冠肺炎疫情。

疫情打乱了很多出行的计划。趁此机会，重读了许多诗词，发现四时节序在其中闪烁的妙处。"欲问花枝与杯酒，故人何得不同来"——倘若离了山川风月，少了春风夏荷秋水冬雪的点染，才高情深如古人怕是亦会少了许多情味深长的思忆。

又念及这些年行住过的城，或古或新，在在处处，皆有佳意。一旦不能在最美的季节去到最合适的城市，吃到应季的美食，便有杜郎失豆蔻的憾恨。可以自由走动的时候不觉得，蛰居时才惊觉日历上的每个节气都称得上声色俱妍。

江南的梅花、岭南的桃花、新疆的杏花、四川的梨花、栖霞的枫叶、腾冲的银杏、东北的雾凇、黄河的冰凌、拉萨的日光，它们都在向我招手啊！问我，你怎么还不来？

　　万物有时，反复念想着美景美食，于是决定写下这些文章，只当是旅行，进而想到将二十四节气对应二十四座城，节气是时间的经纬、生活的间奏，只有融入日常，方可化作有情味的乐章。不然就只是日历上刻板的日期，被身边小孩问起，都不知从何解说。

　　受外公影响，我内心深处对旧时旧事深怀依恋，愿意做一个守旧的人，因循着节气，去感受季节轮转，描摹人间烟火、四海为家的疏阔风情。从来不觉得节气是虚无的，如果节气是虚无的，那四季也是虚无的，时间会化为虚无，人世种种皆无可凭恃。

　　写城市不难，写旅行不难，唯独写节气物候是难的，难在我四体不勤、五谷不分，不事稼穑，严重缺乏相应经验，每次写到农谚物候都挠头抠脚，自愧只能照本宣科，无法写出大地上万物生长的精妙变化，更无法表达出人在劳作中与自然产生的链接感应。

　　所以我想了想，写节气还是从熟悉的吃食节俗入手，至于物候，只是摘录，根据我所知的略加解释。这块全然没有的话，大约就直接成了写美食旅行的书了。

　　我始终坚信，文字应如从身体里生长出来那般自然，一旦辞藻过于华丽造作，就落了下乘。看似烟云满纸，实则空洞无物。

节气不是拿来炫耀辞藻和知识的工具。它可以成为我们审视自身和万物的因缘和桥梁。

要把握这因缘、走过这桥梁，首先要弄明白的是，二十四节气物候是，中原地区黄河流域的先民观察天象地气，归纳出的生活经验，用以规定时序，确立礼仪，指导农桑。它或许有错漏，却不代表迷信，尊重它也不意味着愚昧。

古人将节气称"气"，一季有六气，每月有两个气：前一个是"节气"，后一个是"中气"。以春之节气为例，立春为节气，雨水为中气，惊蛰为节气，春分为中气，交替出现，各有三候，共十五天，后来"节气"和"中气"被统称为"节气"。

节气之于先民的意义不亚于相对论和量子力学的发现，不亚于顿悟之后重新睁眼看世界。人们秉承着最初对于自然的敬畏，在天真蒙昧中探索天地万物生谢的韵律，虔诚地分出阴阳、四季，小心翼翼、自得其乐地在其间行走。

其次，古代的疆域概念与今人的认知早已天差地别，气候冷暖亦有变化。比如关陇之地在古代草木茂盛，如今已不尽是。节气是古老的智慧没错，却也无可避免地有局限性和认知错误，不必一概而论，更不必刻意美化。

古说难以全盘今用，即使是古人也在不断修正自己的认知。

从《礼记·月令》《吕氏春秋》《夏小正》《逸周书·时训解》残篇，到《淮南子·天文训·二十四节气》《四民月令》，直至元代吴澄的《月令七十二候集解》，人们综合物候、天象、日照等各种知识，关于节气的诠释越来越完善细致，越来越懂得因地制宜，才会有《风土志》《荆楚岁时记》《东京梦华录》《梦粱录》《清嘉录》《燕京岁时记》等地方风俗志书，还有许多文人札记，不赘述列举了。

这些书里给我印象最深的是张岱的《夜航船》。张岱关于天文星象、节气物候的"獭祭"罗列得相当到位，有很多典故是很可爱的，感觉像是古代的百科全书。

自先民设立日晷以观天象，第一对被观测出来的节气是冬至和夏至，作为一年中白天最短和最长的日子，其变化规律最易被注意到。接下来是春分和秋分，这两天昼夜等长。战国后期，古人进一步把一年作了八等分，于是有了立春、春分、立夏、夏至、立秋、秋分、立冬、冬至八个节气，这些今人习以为常的概念都曾被珍而重之地记录在《吕氏春秋》十二月纪中。

彼时山野分明，有清风入怀。剔亮烛火，肃身端坐，以虔净喜悦之心，用刻刀在竹简上轻轻刻下的字行，成为日后源远流长的日常。

阅览节令典籍，犹如看儿童的书画，会心生感动。当中自有拳拳真意，出自对天地的诚、对万物的善，是忐忑幼童面对考验交出的天真答卷。那些仪典纵然烦琐刻板，却不缺乏灵动磅礴的想象力，穿越了现实的边界，直指苍穹。

是那个热爱道术、发明豆腐的西汉淮南王刘安，率领门客编撰《淮南子》，首次系统地阐述了二十四节气的划分和命名。以"十五日为一节，以生二十四时之变"。三十多年后，公元前104年诞生的《太初历》以正月为岁首，将二十四节气正式纳入历法中，成为阴阳历的一部分，并增加了闰月制度。至此中国古代历法得以形成，运行千载从无差错。

天气观是古人世界观的重要组成部分。一点点地完善认知，犹如点亮星河，绘出恢宏宇宙，仅仅是想象，也是极为浪漫的事。我怀想着最初为节气命名的人，他们是何等欣喜、何等审慎，认真推敲字眼，令后人读到这些名字的时候，还能感受到那份庄严神圣。

历法之于今人是老皇历、养生指南，之于古人却是法度、信念、规矩，是天地之命、四时纲纪、生存之本。"君得以治国，民得以修身。"节气流转间蕴藏的法度，上至天子、下至庶民，无不遵循。古时帝王圣旨上"奉天承运"四字即为明证。

身为万民表率，天子要以身作则，提前斋戒，按时迎候。返朝之后颁赏官员，以应天地长养恩德。

二十四节气中能够享受天子亲迎、亲祭待遇的，共有八个，分别是：立春、春分，立夏、夏至，立秋、秋分，立冬、冬至。《左传》里将四立、两分、两至，再分为分、至、启、闭。

"凡分（春分、秋分）、至（夏至、冬至）、启（立春、立夏）、闭（立秋、立冬），必书云物，为备故也"。古人对于界定季节更迭和气象极致的节气的重视要超过一般的节气。凡是表征季节的节气，史官和大司农皆要仔细记录，以其天气天象表征，推演物候灾异，以求趋吉避凶，作为制定历书、指导农事的依据。

对节气和天气的祈祷，无关迷信，几乎是每个民族、国家都有的习俗，不管是九天揽月还是下海架缆，不管是游牧还是农耕，人们始终无法彻底摆脱天地气候的管束。有些国家对于节气的尊重，还甚于我们。

于今人而言，节气或许不再是法度，却依然是智慧。如果功底够，你尽可以用光阴的旧瓶，装岁月的新酒，醉笑三千场。节气传承的价值和意义不在于它古老，而在于它早已是生活的一部分，爱风景的人可以追寻风花雪月的踪迹，爱美食的人可以典藏四时风物，爱节俗的人可以在节气中找回热闹欢悦。

"则为那如花美眷，似水流年"。单从世俗享乐的层面，想要及时行乐，我们也没有理由对节气一无所知。

我想，现代人需要的不是舍弃理性、背离常识、宣扬一些明显陈腐荒诞不经的观念，不是哗众取宠，盲目鼓吹古制仪典，标榜风雅，更不是字斟句酌跟着节气学养生，而是藉由古老的习俗，追思内心缺失的敏锐和敬畏，找回生命本真的美感和端敬姿态。

现代人有时活得太理所当然、忘乎所以了，忘记了光阴如电、人身易朽，忘记了人之所有所用，除了自身的努力索取，还有赖于天地万物的厚赐成全。

人身难得，修身养性固然是节气之于身心的提点。然而就像庄子所悟的那样，人在时间中亦是蜉蝣般的存在，所领受的考验和滋养，在本质上与花鸟鱼虫兽并无不同。

皆是恒河沙数，弹指刹那的存在。

生活是修行，凝视光阴流转的韵致，领会死生契阔之奥义，生起平然对等恒久的慈悲心，无我相、无人相、无众生相、无寿者相，才能帮助我们活得更豁达自在。

要好好呵护众生和自身，爱护这山河大地，以此发心，那些曾错失忽略的美好、那些因故离开的有情，会乘愿再来，与我们欣然相逢。

已知春信至

春山暖日和风，阑干楼阁帘栊，杨柳秋千院中。啼莺舞燕，小桥流水飞红。

——白朴《天净沙·春》

立春：白雪却嫌春色晚，故穿庭树作飞花。

立，有初始之意；春，是岁月新章。

立春是四时之始，作为二十四节气的起点，别的气象先不论，有一个普天同庆的节叫春节。直到现在，我心理上依然是过完农历年的除夕之后，才正式道贺新年。

幼时对春节极为盼望，觉得其他的节都只是比较特别的日子，春节才是正儿八经的节。对于孩童来说，春节时最具仪式感的社会活动是跟着大人拜年。穿新衣、戴新帽，大人们和颜悦色，出手大方，连着半个月都大把零食和压岁钱入袋，堪称豪奢，还可以名正言顺地熬夜、玩游戏，欢快到只恨良宵苦短。

古人想出"年"这种怪兽和"祟"这种山妖精怪，我是深心感激的。若没有年，就没有了年，若没有了祟，就没有了"压祟钱"（压岁钱），一年到头，致富的盼头会少好多。还有年货，固然我爸妈没穷过我，然而似我这等寻常百姓家孩子，幼时当败家子的机会，好像只有采办年货时。

年货是从腊月就开始陆续准备的，那时没有电商，年货是提前在乡下订购，在农贸市场、超市陆续备齐的。鸡鸭鱼就位之后，只等宰杀年猪，之后熬猪油、打年糕、做粑粑、搓汤圆、酿酒酿、炒米糖、做豆糖、备鲜花、糕点、水果、饮料，忙碌近整月，每日回家都有新惊喜，林林总总都是年的味道。

腊八粥是去庙里喝的，北方腊月二十三、南方腊月二十四是小年，是灶王爷上天参加年会的日子，在他离家述职之前要准备好谢灶的贡品，灶糖让灶君吃得口齿甜蜜，上天言好事，甘蔗节节高犹如登天的梯子，白饭和菜蔬表示家宅安宁、人心向善，皆是平实的心意。

腊月二十八扫尘、理发、洗年澡，从家到人、从里到外焕然一新。春联、福贴、红灯笼、鞭炮会在腊月二十九之前备好。春联旧称桃符，原是桃木所制，或绘狻猊、白泽之神兽像或书神荼、郁垒二位神将名讳，或书春词、祷语。

习俗古已有之，在出土的唐代敦煌遗书中已有呈现。然人们普遍认知中的春联，还是起源于花蕊夫人她夫君——一个治国无方、风流有道的男人——后蜀孟昶——于公元964年除夕题于卧室门上的对联"新年纳余庆，嘉节号长春"。

这副对联是当年外公经常写的，比发财发达之类的更有雅意。

在京都跨年时听说除夕夜前往古寺听钟，去神社取苍术火种回家煮粥的习俗，很想体验，可惜不能待这么久，天南地北回家过年吃团圆饭，是不可动摇的规矩，不然家中老人就会觉得有缺憾。

我家三口人，习惯跟亲戚一起吃团圆饭，年夜饭一年轮一家，轮到我家时，父母会列好菜单，从一个星期前开始准备年夜饭，炸荤素糯米圆子，包蛋饺、水饺、春卷，蒸馒头、花卷、包子，南北兼容，唯恐不丰富。每当此时，是我最起作用的时候，爸妈会让我先试吃提意见，试吃点评的快乐不止于尝鲜，更多的，是小小的意见被重视，虚荣的小心灵得到莫大满足。

皖南人的年夜饭里，有几道菜必不可少，一道是老母鸡汤配炒米，一道是鳜鱼（或者臭鳜鱼），一道是锅子（不一定是声名在外的胡适一品锅，但里面一定有猪皮、蛋饺，吃多了也乏味）。老母鸡汤是皖南人续命汤，臭鳜鱼是徽菜当家头牌，至于锅子，荤素皆可，丰俭由人，做得丰盛时很像广东的盆菜，只是少了海鲜鲍参翅肚。

我最喜欢的锅子是野鸡雪菜锅，入口有活泼的鲜嫩。还喜欢爸爸用橘子、梨、苹果信手拈来给我煮的甜汤。

春节是光阴深处薄薄的信笺，当我翻阅时，它们是清晰的索引批注。记得外公教我背诗："初岁元祚，吉日惟良。乃为嘉会，宴此高堂。……愿保兹善，千载为常。欢笑尽娱，乐哉未央。"记得端坐案前，涂一朵梅花，恨不得多涂几朵，但是不行，九九消寒图一天只能涂一朵，元旦时临一个"春"字，原来是为开笔。

春虽未显形，却已在笔端和唇齿间往来了许多次，待我发现它的踪迹时，已在柳芽梅端上。

那时光阴陈旧如绢，远得如同遗迹，停留在另一个时代，薄薄的，却遮挡了我所不知的风雨。

我一直觉得自己童年贫薄、少年乏味，无甚可说，不过是一个外表安顺、内心倔强的小孩，默默忍耐、等待成长。写到节气时，记忆翻涌，应接不暇。许多深埋心底的情绪喷薄而出，方知很多事，当初以为的寻常和不耐，都会随着岁月发酵出不一样的风味。记得的终归是记得，已然忘却的，也不一定是遗憾。

比起回味幼时单纯的快乐，过得不劳而获的年，我更爱如今当家做主的忙碌和琐细，亲手打理出年味的过程。布置住所、修剪蜡梅、雕刻水仙、准备好清供。从腊月开始陆续给朋友们递礼物，也会陆续收到各路"雷锋"给我递的礼物。给小孩准备压岁钱，挑选新衣服，准备他们爱吃的食物，这些都是令人常怀欢喜的事。

节气有信，挥手自兹，时光一年年过去，早已到了让父母休息、我们自己承担生活苦乐的时候。

我若准备年夜饭，约莫会是这么个菜色：凉菜是潮汕卤水拼盘（用卤鸭舌、口水鸡、油淋腰花、手剥笋，海蜇头代替亦可）、小黄瓜花、丝瓜尖。热菜中的荤菜是清蒸石斑鱼、陈皮糖醋排骨、红烧肉、白鱼鲞、葱爆羊肉、萝卜牛腩、啤酒鸭；素菜是素炒豆尖、素炒茭白；主菜是广东盆菜佛跳墙；汤是腌笃鲜；点心是扬州千层油糕；糖水是陈皮红豆沙；主食是米饭、水饺或云南小锅米线。

以上都是历年吃过的美味，觉得南北皆宜，拿得出手的，菜量可随人数增减，口味以粤菜、淮扬菜为主，四川、云南、江南的食材打底。下厨于我而言是乐趣，次数可以少，手艺不能丢。这是身为吃货的自我要求。

我不喜一味崇古讽今、追捧古俗，每个时代都有自身的特点、生活的方式，若是让古人来看，他们未必不羡慕今人的便利和随性。若肯俯身体察，除却鞭炮声日少之外，并未觉得年味缺失。人们对春节的尊重和细致仍裹挟在迅疾中，只是节时的疫情让人猝不及防。

当城市按下暂停键，当人们不能自由走动，少于见面，蛰伏于心的古老情谊和惦念犹如春之萌动，愈发让人心怀感恩。

"桃李春风一杯酒，江湖夜雨十年灯。"无论何时，春这个字、这个季节，总带着无限的生机和希望。

静心守候，来日可期。时日清平，众生安乐。

于愿足矣。

本打算带母亲去广州过年，再去潮州过元宵节。我希望在有生之年，带她去更多地方。那些我喜欢的、在书里写到的地方。

我是早早告别家乡的人，萍踪浪迹，无甚乡愁。广州是我离家之后第一个抵达的城市。明确记得是在初八之后、十五之前，为的是逃开皖南连篇累牍的饭局应酬，感受别处的年味。

春节的岭南，年味尤为浓厚，有很多古俗值得体味，且暖风习习，花开得袅袅婷婷，比别处更有春意。

迎春花和桃花盛放在立春时节，蝴蝶兰不甘落后，开得落落大方。在花市上闲逛，一定会买的是年橘，粤语里橘等于吉，年橘上挂满红利，比圣诞树更喜气彤彤。西关骑楼下，古旧的店招、琳琅的年货，那些讨价还价、互讨口彩的话语，听起来亦有街坊情味。

比起南国的芬芳明丽，此时北方的山河大地仍在酣睡休眠中。节气不是命令，不会一声令下立刻翻篇。北方历来是冬的根据地，立春之后，冬寒尚稳。从表面看，立春的物候："一候东风解冻""二候蛰虫始振""三候鱼陟负冰"都还言之过早。

第一个五天，东风微漾，冰雪消融；第二个五天，霜降时蛰伏于土中的小虫恍惚苏醒；第三个五天，鱼从深水向上游到冰层下，那薄冰看起来像是被鱼托着走。这些文字中确凿的记载，生活中并不鲜明，要发挥刑侦的本领，才能发现一星半点的迹象。

我不明白为何某些文章写到立春必要先称颂一番万物复苏、春回大地、春风送暖之类的套话。除非身在海南岛，我不信可以那么早感受到春天的气息。

写文字的人，如果只知套用古人的陈述来解释节气，不做取舍甄别，不但不能令读的人对节气心生亲近，反而会产生困惑和隔阂，因为难以共情。

单以气温而论，立春分明比立冬更冷，更像冬天。立春倒寒时，春风不暖，倒是春雪常来为伴。"白雪却嫌春色晚，故穿庭树作飞花。"纷扬的大雪中，常常想起韩愈这两句诗，将雪作花来看，是北地特有的情趣。

若是等不及想看万物熠熠然，在立春时就体会蓬勃春意的话，唯有日行千里，转战南方——地理上真正的南方，方可尽兴。

对岭南、海南地区的人而言，不离开本地，一辈子见不到盛大的雪，触目所见皆为春夏，一生对抗的是湿热。而对于生活在北方的人而言，春夏又短浅如梦，还没来得及回味就过去了，要习惯的是干燥。上天很公平，这里给多一点，那里便少给一点。

先秦孟春之月，天子居住于明堂东部的青阳北室，以应木德，乘坐饰有鸾铃的车，车前驾青马，列绘有青龙的旌旗，着青衣，佩青玉，食是麦与羊，使用的器物纹理粗疏而多直线。

立春前三天，太史禀明天子："某日立春，木德当令。"天子斋戒，准备迎春。立春当天，天子亲自率领三公、九卿、诸侯、大夫到东郊去举行迎春之礼："坛于田，以祀先农。"

　　祭毕回朝，赏赐公卿、诸侯、大夫。并命令三公发布德教，宣布禁令，实行褒奖，赈济贫困的人，下及所有百姓。褒奖赏赐之事要准确得当。要而言之，春天的政令大体的宗旨是提拔、犒赏、开仓、清理、减免砍伐杀戮，所谓"仁及草木禽兽"。

　　"牺牲毋用母畜"是说春日的祭品不用雌畜，以应繁衍生息之意。另外，祭品的丰俭亦可依据年成好坏而定，丰年祭品丰富，平年祭品减少，降低标准，饥年只祷不祭，以求神明查知，体谅凡人苦处。

　　是月，天子于第一个辛日祭祀上帝，祈求五谷丰登，又于此月的第一个亥日，将耒、耜等农具搬到自己的车驾上，率领三公、九卿、诸侯、大夫至先农坛示范亲耕。亲耕时天子推犁三次，三公推五次，九卿和诸侯推九次。明清之际，天子亲耕之地在北京先农坛的观耕台上，有一亩三分，俗话说"管好自己的一亩三分地"便来源于此。

　　礼毕回朝，天子在路寝（天子处理政事的宫室）举行宴饮，请大伙吃个工作餐，三公、九卿、诸侯、大夫全部参加，称为"劳酒"。

　　此外，明清两朝，立春日，礼部要献春山宝座，顺天府进春牛图，以祈丰年，回署之后继续组织民众打春，父母官们煞是忙碌。

由此可知，岁时月令虽基于农桑，但从诞生之初，起的是敬天保民的作用，是作为官方行政指导纲要使用的，是当时的最高知识，对于天子和官员的启发和约束要远远大于寻常百姓。对于天象、月令、节气，百姓只能遵从仰望，无从质疑。后来，被官方所垄断的天文观象自上而下渗透至民间，尤其是诸子百家加入了占候的行列，节气才得以普及，慢慢成为口耳相传的民俗经验。

立春日前，官府先派人行至城东（在北京是东直门外）春场迎春。是日，民众扮作春神"句芒"（男神，主东方木之生长，象征生命之茂盛，古籍载其形象为"鸟身人面，乘两龙"），手持柳条鞭打春牛（可用土塑），柳条长二尺四寸，象征二十四节气，春牛身长三尺六寸五，象征一年365天，牛尾长一尺二寸，象征一年12个月，四只牛蹄象征四季。

打春的柳条还可以用五彩丝缠的春杖替代，之所以要特意提这一嘴，是因为我挚爱的苏大胡子曾经写过一句："春牛春杖，无限春风来海上。"那时他谪居海南，垂垂老矣，却还是一片春心雀跃，我想，立春日他一定不会闲着，会欢喜满满地与民同乐，忙着打春。

打春时，除却春官鞭打春牛，还有人牵犁、有人扶犁，边耕边舞。土塑春牛腹内有五谷，击破之后，预示五谷丰登，人们欣喜地争抢散落的五谷和春牛之土，带回家中，相信可以医治疾病，带来好运，和庙里的香灰是一个意思。

鞭春是男人的事，女子此时头戴绫罗彩纸剪成的春燕、春花、旗幡，比的是心灵手巧，比的是颜若春娇。那情景正是辛稼轩词中所云："春已归来。看美人头上，袅袅春幡……"

光阴一去不返，徒留佳人侧着宜春髻子恰凭栏，淹然百媚，笑颜淡淡。

"打春"这种激励人心、规劝农事、指导稼穑的习俗，随着农耕方式的改变，在城市里不复可见。偶尔看见张挂春幡，上书"迎春""宜春"二字的人家，都要暗赞一声讲究。倒是咬春的食俗，不分城乡，长盛不衰，还推陈出新。

以汉代立春日咬春必吃的生菜和被唐宋众多文人交口称颂的春盘——五辛盘为例，初时就是朱淑真写诗赞美的生菜卷饼，可能连甜面酱都没有，至于那五种辛辣物：葱蒜椒姜芥，或大蒜、小蒜、韭菜、芸薹、胡荽等，味道都很让人却步，（僧众是绝对不能吃的）当时还要作为赏赐才能吃到，今已幻变其形，化作南方的春卷、北方的春饼，飞入寻常百姓家。馅料亦从初始的五辛变成了咸甜均可的口味，尝新，就真的尝鲜了。

说实话，古法的五辛盘虽然符合祛寒尝新、发五脏之气的中医理论，然而实在重口。大约在清朝，民间已自发改良。立春日，富家食春饼，备酱熏及炉烧盐腌各肉，并各色炒菜，如菠菜、韭菜、豆芽菜、干粉、鸡蛋等,(俗称合菜)以面粉烙薄饼卷而食之。至于南方就更花样百出了。

古时以羊肉、香椿芽为馅,今则多以猪肉为馅,辅以白菜、豆芽、韭菜、韭黄等。

我所吃过的春卷里,以蟹柳、海蛎子等海鲜味的口感最为爽口。若实在赶不及,也要买一份KFC的老北京鸡肉卷应景。

羊城食光

平时是很爱北京的，然而写稿到深夜时例外，莫说难有拿得出手的宵夜，北京连点得下手的宵夜都难找，委实让人难以将息。

这时候会特别想念广州，像思念一个家境富足、厨艺绝佳的老友，揪心扒肝地想念一碗砂锅粥，一碗萝卜牛腩，或是一盅汤水的慰藉。

我不知道其他人如何看待乡愁，在我这里，胃是乡愁的开关，只要胃得到了安抚，乡愁是可以放一放再议的。

第一次独自到广州是2006年。22岁。

彼时刚拿到稿费，是可以独立生活的一个人。想着去云南，从南京是飞，从广州也是飞，索性去了江南以南。

彼时白云机场刚刚启用，下了飞机，迎接我的是一场声势浩大的雨。

奇怪的是心里一点都不烦，明明是陌生的街市，却毫无身在他乡的凄惶感。在出租车上翻看笔记本，径自去上下九陈添记点了三宝，一份鱼皮，一碗艇仔粥，一碟肠粉。鱼皮爽脆，粥水绵滑，肠粉的韧劲刚刚好，吃得心满意足。那时候老爷爷还在，鱼皮也才十块钱一份，后来老爷爷过世了，再去总有淡淡的惆怅。

饭后转去百花点一份番薯糖水，喜欢生姜炒出的淡淡辣味，在舌尖回转流连，坐在古旧的毫不掩饰的店里，看人来人往，听南国的磅礴夜雨。

那场雨，仿佛是一个告别仪式，将往日尘埃洗去。明明是暗沉天色，可内心明净欢喜，有新的种子，在雨水中萌芽。

半梦半醒间，听见雨声淅沥，沙沙的声音犹如春蚕在啃食桑叶。从梦境的边缘掠过，江南的旧梦，模糊淡远，在熙攘雨水中伸展成岭南的缱绻春光。

早起开窗，见雨落亭台，草木生辉，枝头的清露令人想起早春时第一滴融化的雪水，莹然欲滴。后来很多时刻，很多决定将落未落时，想起这独处时的满院光华，便心明眼亮。

住在白天鹅宾馆，是为不等位而吃到地道早茶，白天鹅是我心里吃货必睡的酒店，电召大家来玉堂春暖时，朋友们很诧异，纷纷惊叹我居然起得来，我说，哈哈哈哈，每年早起的份额，一半献给了机场，一半献给了广州早茶。

我历来好从早茶直落下午茶，一盅两件的配置决计不够，会洋洋洒洒点一大桌，点出家宴的气势，大有临幸后宫、雨露均沾的快感。

白天鹅的出品属于盲点也不会出错的类型，待茶沏出味，桌面上的粥、面、点心也陆续上齐，金汤虾饺、腊味饭、黑叉烧、白切葵花鸡，都是必点的，萨其马、天鹅酥、马拉糕、枣皇糕都是百吃不厌。按季论时，还要再配上一煲清热滋补的好汤，有时是葛根，有时是黄豆凉瓜。还有些奇怪的煲汤材料，在江南无缘得见，是在广东才一一熟悉受落。

后来几乎吃遍羊城的老字号，从百花、玫瑰到芬芳、泮溪、荣华、莲香楼、陶陶居、爱群、向群，再转战广州酒家、花园酒店、利苑、稻香、炳胜，直到如今的四季和瑰丽，可谓游遍芳丛。始终为之折腰的，是广东人对食材的把控和对口感巧妙的搭配。

运用之妙，几可通神。

便是同一道白切鸡，在广东不同的城市，或是同一座城市不同的店，都有各自绝技。比如，广州酒家的文昌鸡和白天鹅的白切葵花鸡都是在沸水中慢慢浸熟，再过凉水收紧，广州酒家用了火腿提味，而白天鹅的葵花鸡出自名园，自幼以新鲜葵花盘叶为食，生来讲究，过的不是水，而是白卤汁，做成之后，皮脆肉嫩，一口咬下，其味入骨，薄薄的鸡冻在口腔中缓缓化开，即使不蘸蘸料亦可称销魂。

对于看香港电影和TVB长大的人来说，粤语听来亲切，茶楼饭馆里的吹水也饶有古意。对于吃货而言，广州更是人间值得的地方，我其实不算老饕，很多地方是暗中观察许久，再慕名去打卡，但着实从未失望过，慢慢能够辨别出每家滋味的微妙不同、用心之处。这是广州对我味蕾的修炼提升。

行过这么多城市之后，最中意的人间烟火气是在广州。这里有许多陈旧老店，灰头土脸，朴素守常，给人风雨不迁的归属感，亦有很多新店，堂皇鲜亮，锐意创新，以臻佳妙。

在珠江边邂逅一场烟花，洒落如霞。想起五羊献穗的传说，那仙人降临时，也是这般胜景吧。很久以前，有五位仙人身着五色彩衣，骑五色羊，腾云驾雾自海上来，五羊各衔一茎六穗的稻谷，仙人将稻穗送给当地百姓，祝福此地永无饥馁，仙人腾空而去，羊化为石，永守此城。广州亦因此得名"羊城""穗城"。

不管何时来，广州都是不会让人寂寞的城市，它根基深稳，朴直自然，言行仍见古风；它新旧杂陈，进退从容，新得磊落，旧得坦荡。与其他的古城比，广州从未茫然失色，它坦然迎受着巨变，然后重新出发，因为它知道，变化才是永恒。

在这城中，光阴开合自如，千载的历史从未退化成负担和单薄遗迹。我想是与这城的人坚定地保留了精神、风骨、语言和生活的习俗有关。

故此，风云变迁不会让人心生错乱，反而有着奇异的魅力。时光在城中一刻不停地冲刷，改变了许多，却总有印记留下，余韵悠长。

当我站在光孝寺、天后庙前，我看见的，依然是千年前的古树烟霞，望之平然，思之欣然。

雨水：好雨知时节，当春乃发生。

雨水到来的时候，春天是真地应声而至了。

春雨蒙蒙，窝在酒店看书，时间就这样在字里行间一点点消磨过去了。手里的《月令七十二候集解》是一本一本正经、一言难尽的书，有时故作严谨，有时随意得无语，比如雨水的第一候："獭祭鱼"，就是需要借助想象力来理解的表述。獭祭，是指水獭捕鱼之后，在岸边清点战利品，拱爪的模样很像是在祭拜。

古人认为"獭将食之，先以祭之"，和处暑的"鹰乃祭鸟"、霜降的"豺乃祭兽"一样，都是表示对天地的感激。今人将獭祭引申为治学时不能融会贯通，只会罗列堆砌典故。我觉得我解释的节气就很有獭祭的风范。看过的最好的獭祭类书是张岱的《夜航船》，关于节气的很多知识亦从此出。

雨水的第二候"候雁北"、第三候"草木萌动"与白露时"鸿雁来"、霜降时"草木黄落"相呼应，节气交相呼应，如琴箫相和。一候菜花黄，二候杏花开，三候李花秾，雨水雁归来，春分燕归来，花鸟鱼虫从未爽约，人是这天地万物、四时变化的亲历者、见证人，仅仅是记录，也是天大的福德和浪漫。

东风解冻，散而为雨。春雨细如尘，常落于春夜，温柔缠绵，以促春耕。杜甫诗"好雨知时节，当春乃发生"看似寻常话，实则是体察民生、谙熟经典才能信手拈来。"发生"一词原是春的专属，冬为安宁，春为发生，杜诗有这样常看常新的妙处，拿来教小孩最好。

"正月中，天一生水。春始属木，然生木者必水也，故立春后继之雨水。且东风既解冻，则散而为雨矣。"《红楼梦》里薛宝钗配的那味"冷香丸"就要用雨水时节的雨、白露时节的露、霜降时的霜、小雪时候的雪来做药引，一如宝钗所感慨，药倒是不难配，难的是四个节气当天都要有雨露霜雪。宝钗说可巧配得了，这种巧合，只能在文学中随意编排。

雨水当天未必会落雨，然气温已徐徐回转，带来融融春意。长街古道，风絮渐起，青苔碧柳，掩映人居，想起来便觉得世事都温柔。春天是草木的狂欢，是雨水的雀跃，古人有"望杏瞻榆"的习俗，折柳送行的风雅，若没有柔润东风，不见杏花春雨，不见榆摆柳拂，那生活会少了很多期待与纵情。

雨水时节，有个著名的节——元宵节，古人以夜为宵，正月十五是全年第一个月圆之夜，故称上元，亦称元夕，元宵节是正月里仅次于春节的热闹节日，先秦前后是祭祀东皇太一的，举着火把照田祭祀的习俗，演变成了后来的灯节。自东汉明帝"燃灯表佛"以来，悬灯结彩成为与民同乐的节俗。在习惯宵禁的古代，是为数不多可以男女相邀、放肆玩乐的节日，所谓"金吾不禁夜，玉漏莫相催"。

《金瓶梅》里对元宵节描写得尤为细致，西门大院里略有些脸面的女眷们在这一晚都会集体出门，"穿着锦绣衣裳，白绫袄儿，蓝裙子"，到大街小巷上去走百病、看花灯。"那灯市中人烟凑集，十分热闹。当街搭数十座灯架，四下围列诸般买卖，玩灯男女，花红柳绿，车马轰雷。"

当时的富户会像西门家一样搭起灯棚，以夸豪富，平民百姓至少也会点灯一盏，以应喜气。明永乐年间，朝廷于午门设鳌山灯火许百姓观赏，巨大的灯山遮天蔽月，流光溢彩有盛唐遗风，却也有安全隐患，午门城楼因此被烧毁过，但未损及百姓对元宵佳节的热情。

官方的许可使得观灯之俗蔚然成风。当此夜，市井之中百戏杂耍，华灯明昼，火树银花，香尘扑马，真真是锦绣人间。黄梅戏中有《夫妻观灯》一出，唱的是东京汴梁城一对小夫妻在元宵节入城观灯，唱词充满北宋市井生活的欢快饱满，我幼时常听，现在还能跟着哼唱几句。随外公观过花灯，那情形确如戏中所唱，人潮汹涌，令人雀跃。

这些年猜过灯谜，见过舞龙舞狮，踩高跷，扭秧歌，但潮州元宵节还是隆重得出乎意料。称得上倾城而出，在桥上随着人流走，行桥走病祈福的习俗江南亦有，只是不及潮州壮观。康熙年间的苏州人孟亮揆，是康熙侍读，算是来自鱼米之乡、见过世面的人了，照样很雀跃地写《竹枝词》，赞叹潮州元宵节的风俗："从入新年便踏春，青郊十里扑香尘。怪他风俗由来异，裙屐翩翩似晋人。"

潮州有古俗，至今祭祖、祭神，赛大鹅，蒸糕粿，样样事体讲究，祭品琳琅满目，游神跳火堆，热闹得让人热血沸腾，香烟缭绕中，会深信神灵和圣人从未远离。

最初潮汕先民从中原避乱南迁至此，因地处偏僻，反而保留了更多古俗。在别的城市很难感受到的古意、体验到的节日气氛，在这里还鲜活如初。尤其这城市平日寂静散淡，与世无争，在元宵佳节时，忽然升腾爆发出的活力，如星河溢彩，令人心生敬意。

古老而不陈旧，生活和信仰所带来的传承，在这城中被呵护得很好。如开元寺的菩提树，枝叶如新，笑对沧桑。

蓦然回首处，依稀故人来。

在潮之洲

　　来潮州除了追寻元宵节的魅力，乃是为探一个人。他幼年时随寡嫂寓居我的老家安徽宣城。三次落榜之后，还是回宣城攻读，第四次才考上。

　　很小的时候，每到春天，我外公就会教我读韩愈的诗文。除了"古之学者必有师。师者，所以传道受业解惑也"，以及"世有伯乐，然后有千里马。千里马常有，而伯乐不常有。故虽有名马，祇辱于奴隶人之手，骈死于槽枥之间，不以千里称也"，这种对幼童来说略显生涩的古文，记忆最深也最好懂的，是那首《早春呈水部张十八员外》。

　　天街小雨润如酥，草色遥看近却无。
　　最是一年春好处，绝胜烟柳满皇都。

无雨不成春，无处不可春。这首诗和杜甫的《春夜喜雨》、杜牧的《江南春》同为开蒙时的记忆，是心中春日诗词中不假思索的前三甲，也是这三首诗，分别以早春草色、雨水花色、烟雨楼台、杏花酒旗完成了对春色的全部美好诠释。

这年早春，韩愈邀水部员外郎张籍同他一起春游，就是那个写《节妇吟》"还君明珠双泪垂，恨不相逢未嫁时"的张籍。老张不太想出门，老韩便写了这样一首诗来邀约。写这首诗的时候，韩愈已经五十六岁了，还有一年，他的生命便会走到尽头。可诗里完全不见垂垂老矣的衰颓，他目之所见、心之所向，依然是勃勃生机。

杜甫的"晓看红湿处，花重锦官城"是在成都；韩愈的"最是一年春好处，绝胜烟柳满皇都"是在长安；只有杜牧的"南朝四百八十寺，多少楼台烟雨中"是实写江南。

写春雨的诗词不胜枚举，屈指算去，大江南北，何处春色不动人？何处春光会被遗漏呢？

云行雨施，品物流形。春气博施，天地无私。即使是当年被视作荒蛮之地的潮州也是一样的呀！我想，在蓝田关潸然泪下，以为自己九死一生、一去难回的韩文公，一定想不到，他只在这里度过了八个月，此地的百姓却用江山改姓的方式，忆念了他千年。

韩愈其实与广东缘分颇深，少年时跟随兄嫂南下。做官后，又两次被贬广东，一次是贞元十九年（803）被贬为阳山县令，一次是在元和十四年（819），因谏迎佛骨舍利被贬潮州。

　　当他二度被贬，勒马踟蹰在蓝田关，写下"云横秦岭家何在，雪拥蓝关马不前"时，他只知道千里之外，有一座瘴气遍布的城在等着他，却不知道，这座城会因他的奠基而崇文重教，继而成为"海滨邹鲁"。

　　潮州人知感恩，视韩愈为神，有些人下凡来这世上走一遭，是要为天地立心，为生民立命，继往圣之绝学，开万世之太平的，这些韩公都有践行。

　　在广济桥上的仰韩亭驻足，揽看两岸风光，杨柳风，杏花雨，皆来亭前，渌水涌，明月生，照影桥廊。

　　灯似春花艳，檐下雨潺潺，淅沥似潮剧婀娜之音，唱出人世的如露如电、起承转合。"在潮之洲，潮水往复"，潮州原就有着似水的灵性诗意，只等有缘人来心会神知。光阴若水，屈指算去，元和十四年（819）正月，正是潮州人举家欢度元宵节的日子，韩愈因上表谏迎佛骨舍利触怒宪宗，从刑部侍郎的高位，险些变成提头来见。

　　"一封朝奏九重天，夕贬潮州路八千。"他在路上阑珊数月，到潮州时，已是春末，待了八个多月后，调往江西宜春担任刺史，初算起来，他应该是可以在潮州过元宵节的，不然就有点可惜。

韩公祠俯瞰着广济桥，他应该可以看到这千年后的繁华吧。像一团火照亮黑夜，用八个月的时间开启民智，他用《祭鳄鱼文》让人们看到了文化的力量，如这春夜的雨水让万物陈梦初醒，破土而出。

韩愈在蓝田关留诗的侄子，是传说中八仙当中的韩湘子，潮州民间传说中，广济桥是韩湘子为普济百姓，驱动仙法所造，故广济桥又名湘子桥。"湘桥春晓"是潮州八景之一，暮春时节，韩江水涨，旭日初升，广济桥在柳烟桃浪中，如长龙卧波，俊逸出尘。

那潮州民谣唱着："潮州湘桥好风流，十八梭船廿四洲，廿四楼台廿四样，两只铁牛一只溜……"从宋代建成第一个桥墩，到明代形成"十八梭船二十四洲"的格局，前后共用了300多年。古人的坚韧匠心可见一斑。

广济桥是我心里必须朝圣的桥。比起卢沟桥、赵州桥和洛阳桥的端严，十八梭船朝来暮往形成的启闭，合则为桥路，方便行人，开则成水路，无碍货船行走的巧妙设计更让我神往。在这里，"过河拆桥"是褒义词，是梁舟结合、随顺所需的圆融智慧。

岭南风雨桥不少，广济桥更懂物尽其用，一里长桥一里市，廿四洲为民遮风挡雨，供人叫卖落座，形成的桥市，平添了市井情味。

这桥尽头是牌坊街，牌坊街中有甲第巷。承载着历史的牌坊街巷，没有压迫炫耀之感，它们静伫在岁月中，云淡风轻地讲述变迁，像一个喝功夫茶的老人，提点人们除了功成名就之外，还有诗茶相契的日常值得体味。

不能否认，日常生活的趣味于我而言是旅行，而旅行的目的多半是为了觅食，哪里有好吃的，哪里便让我格外地欲罢不能。

不论如何作比，广东始终雄踞我饮食生物链的顶端。广州、潮汕、顺德的三甲之位，各有所长，不分先后。我这人素来爱看老板的脸色吃饭，越是朴素的小店越有大隐的味道，听不懂潮汕话更容易吃出敬畏感。

潮州有诱人成瘾的美食，白果芋泥，腌制过的梨，分别是浓郁系和清爽系古法甜品的代表，鱼饭、益母草猪肝汤美味又养生，令人吃得安心。声名在外的粿条、粿粉随处可见。按古俗用米来做成果品祭祀，是"粿"的来历。

比起上百种粿，精确到秒，细致如庖丁解牛的牛肉火锅倒显得小儿科了。印象中能与潮州人吃牛肉的讲究抗衡的，似乎只有老北京涮羊肉的精细了。

口感清甜柔润，形状可爱的鸭母捻，足可抵过正月十五的元宵，比声名在外的宁波汤圆更深得我心。宵夜的标配是一碗白糜，一碟薄米壳加蚝烙煎，一只老鹅头，一碟鹅肝，外加一壶消食解腻的老香黄，都是人间至味，值得一唱三叹，柔肠百转。

　　还应该去一趟潮州西湖，在烟柳中坐忘，喝着功夫茶，体会"水光潋滟晴方好，山色空濛雨亦奇"的佳妙。

　　有些城，是红尘万丈中的金风玉露，有些城，是漫漫浮生中的晓风残月，有缘分的话，都值得驻足细品。

惊蛰：
一夕清雷落万丝，霁光浮瓦碧参差。

春至惊蛰，雷音动，雨水增，万物苏。

唐代的李泌把二月初一命名为中和节，用青布袋装上百谷和瓜果互相馈赠问候，还酿造"宜春酒"来祭祀句芒神，百官这一天也向朝廷进献农事之书。

幼时常听的一句话是"二月二龙抬头"，傻乎乎地满地找龙找不到，却发现小虫子们多了起来，而且地面也会回潮。后来才知道，寻龙得抬头往天上看。此时苍龙星宿在东方天空升起，如蛟龙昂首，分外闪亮。龙抬头是指这条龙。民俗中，正月不理发，二月初二是理发的好日子，会鸿运当头，福星高照。

现代人应该等不到二月初二再去理发。如果正巧赶上了，取个好意头也不错。

再过一个月，三月初三的上巳节，则是古人的洗浴节、相亲节、水边的狂欢节。古代平民洗澡并不频繁，春寒消退的时候，携家带口，携老扶幼到水边以柳条香草沐浴，顺便聚会相亲，也称被禊。人们会在水里放一些食物分享，悦人悦己。这个习俗演变为文人追捧的曲水流觞，王羲之的《兰亭集序》记录的就是永和九年三月三上巳节的雅集，书圣酒酣之际，神接天地，成就千古绝唱。

农耕社会的特点是对节气的尊重，依据节气投入劳力，播种施肥，等待收获。苍龙星的出现，令原本处于农闲中的人们警醒起来，知道春耕大忙就要开始了。外公告诉我，这种心情约等于开学，听得我惕惕然。

也是外公指着苍龙星告诉我，《易经》里说的"见龙在田，利见大人"是指此时上至天子，下至官员都会出面劝农——鼓励农桑，此时容易遇见大人物，容易办成事。

春是一年的开始，亦是一年劳作的开端。先通过春节将人团聚在一起，令众人知晓齐心协力、通力合作的重要性，经过春节和元宵节的休整放松，到惊蛰时，南方的田间陌上一派繁忙景象。至于北方，要到清明之后，才开始格外忙碌。

汉代是个节气大成的时代。汉景帝之前，惊蛰名为启蛰，为避景帝刘启的名讳改叫惊蛰，其实启蛰很生动，有一种开启、启发之态，符合"阳和启蛰，品物皆春"的气韵，比惊蛰的惊更和缓，更有春天的从容气度。

汉代之前，春日的节气排序与汉以后略有不同，汉之前是：立春、启蛰、雨水、春分、谷雨、清明。汉以后调整为：立春、雨水、惊蛰、春分、清明、谷雨。

中间唐宋两代还有微调，除了立春和春分稳稳当当没变，和降水有关的节气是暗自调整了次序的，这说明不按常理出牌的天气不少，史籍中记载的极端天气同样不少。古人几千年一直在跟气候、洪水做斗争，风调雨顺的太平年景毕竟是少数。

尽管《月令七十二候集解》里一本正经地强调："二月节，万物出乎震，震为雷，故曰'惊蛰'，蛰虫惊而走出也。"按《月令》的解释，惊蛰就是惊动蛰虫的意思。但雷惊蛰虫的说法又和春分时的"雷始发声"相矛盾，雷又不是个闹钟，蛰虫不可能真等到雷声号令才出来活动。

"一夕轻雷落万丝，霁光浮瓦碧参差。"与其说惊蛰的雷提醒的是蛰虫出户，不如说是提醒人们从春节和元宵节的懈怠松散中抽身，投入耕耘。对于蛰虫来说，是惊蛰出洞，还是春分出门，可凭心情。农人就不一样了，必须按时劳作，所谓"惊蛰点豆，清明种瓜"，都是天时地利的要求，怠懒不得。那新犁的土地一页一页，像新书一样令人期待。

或许从蛰虫的角度看，人类的脑洞才清奇。虫子们不出来，担心地气不暖，虫子们一出来，人又忙着撒石灰避虫杀虫，难搞得很。还有祭白虎、打小人、蒙鼓皮等习俗，都属于给自己找一分心理安慰。

令人心悦的是惊蛰三候是："一候桃始华，二候仓庚（黄鹂）鸣，三候鹰化为鸠。"当濛濛绿意中多了桃花薄红，春天即刻变得鲜润起来。这里不免例行夸一下老杜的"两个黄鹂鸣翠柳"，像儿歌一样浅显，却如此生动。"庾信文章老更成"这句赞应该送给他自己。虽然北方兵戈未消，长安归不得，尽管生活依然艰窘，然而毕竟春天来了，他在成都写的诗都舒展松弛，温情脉脉。

惊蛰时的鹰化为鸠，与寒露时的雀化为蛤，都属于古人的误解，明显的认知错误，不用费心深究。这里的鸠不是斑鸠，而是子规，即杜鹃鸟，徜徉在花柳深处，却常常叫声忧郁，发出"布谷——布谷——"的催耕之声，传说是古蜀国望帝精魂所化，是自带悲情气质的鸟。

桃花开，黄鹂鸣，杜鹃啼，春至惊蛰，方称得上声色兼备。

晴川历历，桃花可亲，此时杜鹃花开，亦极鲜妍。桃花为人所喜却难免有世俗气，于人多热闹处，显不出好来，要放到古寺旧庵、孤村野溪处方显佳妙。我慕名去广州莲花山看过的桃花，窃以为不及林芝雅江雪山下的桃花清贵。

还有一种花，生来清贵，不同俗流，那就是梅花。早春时节的江南，梅花开得比桃花好。桃花不过娇容初绽，淡淡薄红，梅花已然欺霜压雪，盛放出暗香满园。陆机的"江南无所有，聊寄一枝春"，是我听过最斯文的炫耀。倘若驿站（快递）不负所托的话，他北方的朋友收到这枝梅，应该会羡慕得暗咬后槽牙。

幼时惊蛰前后，常随外公去苏杭小住赏梅。香雪海的红白二梅各臻其妙，花开如海，落英若雪，美得让人蹑足，怕惊动了林中仙。因"香雪海"将梅开时的盛景形容得太过烂漫，这个词成为梅林的代称。

记得我随外公信步林间，听他说乾隆下江南的种种轶事，从此对这位皇帝的自命风流、好大喜功印象深刻。后来无奈地发现，但凡被乾隆染指过的地方和器物，名气是大涨了，遗憾是难逃他的魔掌，沾染皇家富贵的俗气。

与被乾隆疯狂写诗点赞的苏州香雪海比，西湖孤山的梅更具清逸之气，放鹤亭边的疏影横斜，独守风雪，静待故人，等待了千年，这梅暗生清冷，秾华绽放时亦流露出萧然物外的心事。

一个人，谢绝了一座城市的繁华、一个王朝的邀请，独守着一座山，一片梅林，他的心田到底是空寂如漠，还是丰盛如春，无人可以断言。

太上忘情，最下不及情，和靖先生的心，应在上下之间吧。他又比一般钟情之人更专注洒脱，寄身红尘，不要功名，远离喧嚣，梅妻鹤子，专著一趣，无情事之忧恼。这份清醒果决，甚是难得。

今年是闰四月，惊蛰是和花朝节连在一起的。花朝节是百花生日，因南北花信不同，从二月初二到二月十八各有说头，时间大体在惊蛰——春分之间。

花朝节亦称女儿节，盛于唐宋，复于明清，亦称"扑蝶节"。旧时城乡多半有个或大或小的花神庙，供百姓祭拜许愿，民间还给十二个月安排了十二位花神，有些合适，有些明显属于附会，比如一月花神是《牡丹亭》里的柳梦梅，就很让人绝倒，选个男花神，莫非因为他的名字合适？

花朝节时春色满园，是女子欢欣的节日，男士的参与感至多在于陪同逛街逛庙逛园子，买单之余吟诗感叹记录一下，跟现在的男人陪女人逛街是一个意思。

女子于花朝节时制胭脂水粉、裁制新衣彩胜，游园聚会，扑蝶簪花都是赏心乐事，只有像林黛玉这样不愿从俗的女子，才会巴巴躲起来葬花。虽说是看到了繁华深处的落寞，品出了落花流水的孤独，总归稍显做作。

她少女时的性情，其实不适合做贾宝玉的妻，执掌中馈，打理贾府家族事务，反而适合与林逋作配，携隐山林，同享一份孤独，一起独善其身。

有一年惊蛰前后，我去了佛山签售，街道上木棉花开得极好，招摇如火，一路赞叹着南国春色，果然比江南更汹涌直白。朋友邀我去顺德看岭南名园清晖园，没想到我只在园子里转了不到一个小时，就忙忙地去觅食了。清晖园对我的吸引力完败在顺德美食的魅力之下。至于李小龙故居，得闲再睇！

化身饕餮，一天五顿绝不夸张——除了跌足长叹待的时间不够，没其他遗憾。味蕾始终处于亢奋状态，我宁愿撑到吃山楂丸消食也不会考虑减肥。

从早上的水牛奶算起，到晚上的生滚牛肉粥打底，中间穿插着若干双皮奶炸牛奶糖水糕点，即使一样尝一口也足够饱腹，何况根本不止吃一口。还有我热爱的猪杂、猪红、牛杂、牛展，即便卖相潦草，照样鲜美得色授魂与。

我自认在广东混迹多年，纵然做不到美食当前岿然不动，起码可以做到理智尚存，然而顺德是例外！请允许我写的时候心潮汹涌！心花怒放！味蕾欢呼！口水狂咽！顺德美食称得上出神入化，妙手回春，令人心甘情愿丢盔弃甲。

岭南的春日风光、历史名胜都被抛诸脑后，顺德的美食在我眼中才是繁花似锦，春色满园，它让节气在舌尖活起来。春食苗，夏食叶，秋食花实，冬食根。顺德人的饮馔之道遵循古法，随春夏秋冬流转而暗自分明，追求合乎时令的食材，配搭堪称严谨。

"食在广州，厨出凤城。"这句话一点都不夸张。没有在顺德吃过美食的人，不足以称吃货。这小城步步惊喜，家家小店都是隐世高手。在广州吃过的鸡和肠粉云吞，在潮汕吃过的鹅和鱼生虾生，在顺德还可以吃出另一番境界和惊喜！感觉是爬完一座山，又攀上了一座风光更好的山。

仅仅拿鱼来说，顺德鱼生所用的手法是古法所称的"脍"，是孔夫子推崇的贵族饮食"食不厌精，脍不厌细"的"脍"，也是杜甫赞美的"紫驼之峰出翠釜，水精之盘行素鳞。犀箸厌饫久未下，鸾刀缕切空纷纶"，流着口水向往的"饔子左右挥双刀，脍飞金盘白雪高"的"脍"。爨是烧火煮饭的意思，爨子就是厨师，能左右挥刀切出雪片一样薄鱼片的师傅，是大厨没跑了。

我对脍的迷恋是在顺德产生的，顺德在美食之道上和李小龙一样扬我国威。

鱼生现捞活杀，剔骨之后切脍如飞，生鱼片薄如蝉翼，晶莹剔透，滑若凝脂，相比之下日本厚切生鱼片就显得笨拙厚重，一桌鱼生配上十几种蘸料，每一种搭配都能在口腔中产生炸裂烟花般的惊喜、口感层次比日料丰富太多。

以顶级日料来比，怀石料理让人心生敬意，而顺德食物令人神魂颠倒。

还有桑拿鱼和鲮鱼饼，也让人欲罢不能，秒杀其他地方。

惊蛰吃鳝鱼进补是江南习俗，嘴刁如我，寻常的炒鳝段、响油鳝丝、鳝鱼面早已不能满足我，直到去红星光发吃到一碗白鳝黄鳝双拼煲仔饭。那么其貌不扬的店，没想到吃出了魂梦不忘的感觉。那碗煲仔饭刚揭开的时候，我就有遇到真爱的直觉。吃第一口，味蕾上如有惊雷闪过，吃到锅巴时，我这个锅巴爱好者彻底沦陷，差点喜极而泣！

那一碗煲仔饭滋味无与伦比，层次分明，鳝鱼紧致香弹，米饭粒粒分明，底部锅巴焦香有镬气，是我心中的黯然销魂饭没错了。

——以至于如今我想到惊蛰，先想到顺德那碗鳝鱼煲仔饭。写完这篇，觉得今年必须再去吃一次！不然不能安枕。

扬州旧梦

疫情时，看到一句话："不求烟花三月下扬州，但求烟花三月能下楼。"遽然勾起我对扬州的莼鲈之思。

我对扬州的兴趣是被外公勾起来的。他教我背"故人西辞黄鹤楼，烟花三月下扬州"。他对我说隋炀帝开凿大运河看琼花的故事，只可惜，琼花观中那株琼花已在蒙古人南下的时候消失了。他还说过鉴真东渡，是和玄奘西行一样了不起的壮举。

他告诉我扬州的地形像一只仙鹤，所以才有"腰缠十万贯，骑鹤下扬州"的说法。他还告诉我，扬州有个瘦西湖，湖上有二十四桥，赏月极好。杜牧吟诵过"二十四桥明月夜"之后，姜夔也吟诵过："二十四桥仍在，波心荡、冷月无声。念桥边红药，年年知为谁生。"

小时候太小，不明白这词中的黍离之悲。只记得他带我上扬州玩，引导我领略这座盛唐名城、淮左名都的风情万种，吃也是他带着我，教会我如何优雅地吸出汤包汤汁，确保舌头不被烫到，不溅一身汁水。

到如今，我回想起来，扬州最动人处，不是古刹名园，不是大运河，不是夜市千灯照碧云，而是与他一起走过的旧街古寺，看过的临花照水，闲谈过的风月人事。

我的幸运在于，外公是个渊博有涵养而无功利心的人。他有深长的耐心、充裕的时间，引领我成长。他又是个良善古旧的人，循循善诱地教导我，将他所知的人事慢慢授予我知。是他令我懂得历史的浩瀚，人世的无常，人生的微淼，生命的短暂，信仰的贵重。

那一年我们来扬州，正是春分时节的观音诞辰，天有微雨。我们站在那株据说是鉴真大师手植的玉兰树下，刻玉玲珑，吹兰馥郁，那花开得耀眼，花瓣簌簌落下，发出细微声响，如天花乱坠般神美。

彼时鉴真纪念堂还没建，我对鉴真大师一无所知，是外公带我到大明寺，参拜鉴真大师。他告诉我这位老和尚曾是大明寺的住持，去过宣城讲法，是了不起的大和尚。他最了不起的地方，是东渡扶桑，传扬佛法，传播汉俗，那时候他已经67岁，几经波折之后双目失明。

我当时非常震惊，因为前不久外公刚对我感慨过人生七十古来稀，我难以想象一位年近七十、双目失明的老人家跑到日本能干什么？养老么！

外公告诉我，鉴真大师不是一般的老人家，他是观音菩萨的化身，闻声救苦，他东渡之后除了重新确立传法的戒律，奠定了中医汉方在日本的传播，还传授了书法、雕塑、印刷、做豆腐等诸多技艺，甚至还亲自主持修建了一座寺庙。

我始终记得，外公跟我说过的那个寺叫唐招提寺，后来我去到奈良，在鉴真大师的法像前合掌礼拜，冥冥中，我是替外公来还愿的。

"青山一道同风雨，明月何曾是两乡。"

外公过世之后，我喜欢一个人来扬州，而且总在春天。扬州成为我的旧欢如梦，心事斑驳。一度觉得，此去经年，应是良辰美景虚设，便纵有千种风情，更与何人说。后来慢慢好一些，愿意招呼朋友一起来看花赏月。

春分·
待到春风二三月，石炉敲火试新茶。

江水潺潺，清波照影，绿柳浮光，繁花照眼，这城是我心中最能承载"杏花春雨江南"的所在。扬州诗人张若虚写的《春江花月夜》堪称孤篇横绝，写尽了春夜的浪漫与华美、人生的深刻与虚无。

信步城中，名园错落，因春扬名的地方太多，光是茶社就有三家。

和顺德一样，扬州是我心里最好吃的城市。不一样的是，顺德朴真，扬州更显精细。扬州的精细，是千年富足娇养出的从容讲究。我是个博爱的人，讲究雨露均沾，朴真与精细皆为我所爱，常在这两座城市之间穿梭来去。

幼自《红楼梦》和汪曾祺先生的书中初窥淮扬美食的妙处，光看文字，胭脂鹅、豆腐皮包子、高邮咸鸭蛋已然食指大动，想不到文字之美，尚不及亲身体味扬州美食的惊喜。

　　三春（冶春、富春、共和春）茶社是声名在外的老前辈，花园、怡园是后起之秀。我喜欢住在扬州迎宾馆，起床直接去趣园喝早茶，虽然订位难一些，好在可以托朋友！听说趣园和广州白天鹅有合作，心中窃喜，又多了个门路。

　　和在白天鹅一样，人多了就可以洋洋洒洒点一桌：大煮干丝和烫干丝口感略有差异，通常会分两天点。我素来偏爱大煮干丝一些，火腿虾仁吊出的高汤被豆腐干丝吸收，融为一体。当豆腐干丝的品质和刀工难分伯仲时，高汤就成为一决高下的关键，口感既要鲜浓饱满，又不能喧宾夺主。

　　我挚爱的千层油糕，必须一层一层撕着吃才有感觉。五丁包子、蟹黄汤包、翡翠烧卖都必点，吃过扬州的包子蒸饺，再回到北方看见包子蒸饺，只能一声长叹，不忍相认。

　　水晶肴肉和盐水鹅配小小一碟粢饭，分量刚刚好，外加一碗虾籽阳春面就OK了，种类比广州还是少些，没办法，扬州早茶太茁实，饮茶如筵，更像早饭。

　　扬州早茶的茶一般，绿杨春徒有好名，叶底粗老，魁龙珠香味杂呈，都不算佳茗。我喜欢付过茶水费，喝自带的茶，当然，如果舌头不矫情的话，还是可以入口的。

袅晴丝吹来闲庭院，摇漾春如线。迎宾馆内修篁含翠，花柳入怀，抵得过茶味的寻常。

吃淮扬菜的话，传统的扬州三头（狮子头、鲢鱼头、扒猪头）对我的吸引力不大，扬州宴的苋菜才是值得惦记的春天味道。还有腌笃鲜不可不吃。苋菜、腌笃鲜里的春笋都是春季的当令时鲜。

对于爱好美食的人来说，节气先与美食密不可分，而后才论得到其他。

"待到春风二三月，石炉敲火试新茶。"江南的茶山上，修养一冬的茶树会在春风中展开婀娜的枝叶，陆续被采摘，"社前茶""明前茶""雨前茶"都是金贵的，芽叶细嫩，叶底饱满，滋味鲜爽，饮之如醉春风。绿杨春也是此时最好。

想因循着舌尖上的记忆，说一说春分，春分是春天的第四个节气，是草长莺飞、杂花生树、百花争妍的好时节，是故此时有花朝节、踏青赏红之俗。如今的人虽然不会特意过花朝节，但赏花的习俗从未淡下。那年在日本，看见一群身着和服的少女聚于芳树之下，取出春酒和果子来赏春，樱花葳蕤如霞，令我想起大明寺鉴真堂前开着一样的花。

"山川异域，风月同天。寄诸佛子，共结来缘。"当年鉴真大师就是被这首偈子打动，接受了日本使者的迎请，毅然六次东渡日本，前五次都失败了，有一回他还流落到广州，在光孝寺驻锡过一段时间。

其实广州和扬州之间，暗有一条线牵引，便是海上丝绸之路。扬州和广州算是我心中平分秋色、旗鼓相当的两座名城，青山隐隐水迢迢，兴盛的契机也接近。

扯远了，说回春分。与秋分平分秋色一样，春分平分了春色。是日，"阴阳相半也，故昼夜均而寒暑平"，是个体现均衡的节气，《春秋繁露》的注解一字不差，相当好记。

春分的三候是"一候玄鸟至"，二候"雷乃发声"，三候"始电"。物候是说，燕归来，雷声鸣，有闪电显于雨中。

此时有对古代平民而言非常重要的春社——乡村聚会交流的节日"社日"。"社日"有两大主题：祭祀"社神"和"稷神"，以及祭祀以后的赛神。

祭祀基本全体乡民都会参与，由乡村中素有威望的社正主持。以两棵树为神主，跪拜念诵祈望丰收的祝词，而后献酒献供，先祭社神，再祭稷神，饮完福酒之后，再抬出神像（由人扮演）巡游，敲锣打鼓欢庆。这时候的娱乐活动就有很多，舞狮舞龙、百戏杂耍，不一而足。

县社以上的社祭由官方出资，官员出面主持，对百姓宣示政令，鼓励农桑。村镇举办"社日"的花销由乡民均摊，所以社日对百姓而言，是最能体现共产互助的好日子。"桑柘影斜春社散，家家扶得醉人归。"酒酣耳热之际，四乡八村的事情一般都可以得到调停帮助。

不过社无定日，一说春分之后的戊日是春社，秋分后的戊日就是秋社。春社时燕子从南方飞来，秋社时燕子再飞回南方。另一说法是立春、立秋后的第五个戊日才是社日。

春分习俗和秋分遥遥呼应，可以互看，从春分"雷乃发声"到秋分"雷始收声"历时半年；春分祭日，秋分祭月；春分前后民间举办祭祀神祇、祈祷丰年的春社，秋分前后乡野举行庆祝丰收的秋社；春分迎春牛，送指导耕作的《春牛图》，秋分送秋牛，打秋草，酬谢耕牛辛劳一年；以及用汤圆糯米沾雀嘴、竖蛋等习俗，都是完全一致的，连用来做汤、清洁肠胃的野菜都是同一种。

吃货不免感叹，古代平民的吃食远不如我们丰富，还是现代人幸福啊！

最初春分引起我好奇，是看到书中记载古人春分日吃春苋菜，秋分日吃秋苋菜清肠的习俗，我请教我妈苋菜是什么，我妈炒了一盘红苋菜，说就是这个。我信了她多年，后来到了地大物博的广东，偶然间才知道春苋菜是乡间地头的野碧蒿，色泽青绿，口感滑润，拿来涮火锅不错。

当令的还有春笋。春分的二候是"雷始发声"，此时雨后的春笋明显比惊蛰的虫子们听话，听着雷声号令争先恐后冒出，又叫雷笋。按古代吃货们的渲染，最得趣的吃笋方式，是在竹林中，就地用竹叶烹制竹笋，相当风雅有野趣。我十分想在竹林纵火，贼心一直未死，苦于一直未遂。

春笋是食材中的一品仙物，几乎不挑厨艺，只要足够新鲜，白水煮都好吃。与火腿、鲜肉、千张结同煮成就一钟腌笃鲜，堪称江南菜中最让人乡愁翻涌、沉吟至今的绝味。

春分时节，令人欣喜的事除了春水盈盈，山河叠翠，莫过于春燕归来。此即春分一候中的"玄鸟至"。燕子古称玄鸟，是商朝的部落图腾。因其品性高洁、习气优秀而备受人们敬重喜爱。首先燕子勤快，是益鸟，对农耕有益，受人欢迎；其次燕子喜欢和睦安宁的环境，如果家宅不宁，燕子是不愿居住的；再次燕子筑巢孵鸟，过程整洁有序，不大影响人居，母燕小燕相处温馨，观之可喜，十分符合古人称许的孝道。

除了"小燕子穿花衣"的童谣，我小时候听过的俗语这样说："不吃你家粮，不吃你家米，只借你家梁生仔。"

依《逸周书》所载，如果春分时燕子不如期归来，象征着"妇人不娠"，所以春分日，天子除了祭日，感谢太阳的恩德，还要携宫眷拜谢迎候燕子归来。燕子由此超越诸鸟，成为唯一得到天子亲迎待遇的吉祥鸟。直至今日，人们依然将燕子入宅筑巢视作家宅康宁、人丁兴旺的征兆。

至于它为何成为高门贵户的代言鸟，著名的"王谢堂前燕"，不是因为被天子亲迎之后就自矜身份，嫌贫爱富，而是因为筑巢的需要，寻常人家，尤其是贫家草庐无合适梁柱可用。

"无可奈何花落去，似曾相识燕归来。""落花人独立，微雨燕双飞。"——北宋的迷离春光中，大、小晏父子，不约而同伫立亭台，凝视着无忧无虑的燕子，各有所思……他们的生命，各自有不同的流向。

扬州有许多这样的亭台，住过许多这样的人家。这城中盐商巨富此起彼伏，各领风骚数十年，然而富贵难得久。

小阁重帘有燕过，晚花红片落庭莎。人事有时翻覆太快，燕归来时，难免故人零落，落红成尘。

汴京残梦

　　清明时节赶回老家给父亲上坟。父亲的墓坐落于敬亭山下，这是母亲和我甄选过的地方，离家不远，父亲生前热爱运动，每天都要到这里跑步、骑车，亦常组织山友登山。他长眠于此，想必会欣然。

　　我跪在他墓前，泥首而拜：

　　爸爸，我有很多话想对你说，从小到大，从生到死。

　　到了今日此时，你入土为安。我终于可以坦然放肆地落泪，终于可以抬头正视自己心中的那只寒鹊。

　　它绕树三匝，无枝可栖，哀叹着人间路近，生死路远。

抱歉啊！爸爸！我始终没有成为乖顺的女儿。你的女儿，一直过于早熟，自幼心藏忧患，你看着我长大，我看着自己老去。我们在各自的岁月里流变，霜雪白头。

我内心孤凉，犹如从不卸甲的将士，行于万里冰原之上，长大之后，我甚少与你谈及关于未来的设想，未来是变动的，我做不到按部就班嫁人生子，那种生活从一开始，便被我弃绝于人生的计划之外。

我全心全意地投入工作，甚少与你相聚，唯一可以坦然面对你的，是那份报恩的心吧。你是我前世的恩人，今生的父亲，来世的亲人。

记得那天凌晨，我驱车在赶回来的路上，我知你在等我见最后一面、最后一眼，然而我更知四大皆空，临终中阴之苦，你等得万般辛苦，每秒都是煎熬，我哭着说：爸爸，你别等我了，你放心走吧，我会好好的，来世你做我的女儿，我会尽我所能，许你所有，好好爱你，疼你，如你今生今世待我这般。

上苍见怜，我来得及见你最后一面，爸爸，当我为你阖目，当我从你身体里亲手取出导管，我的哀痛何以言说？那一刻，我真实地了知众生无别，有情皆苦，我会将这种痛苦记住，但我记住更多的，是你对我的爱，是我们相处三十余年的点滴。

父亲是个外表冷肃、内心温厚的人，开始是在食品厂上班，承袭了家传的厨艺，会做各种应时应季的美食，我喜欢折腾他，看了书就让他给我搞美食研发，譬如当年读了张志和的《渔歌子》，对"桃花流水鳜鱼肥"这句念念不忘，就让他给我找鳜鱼，但我蠢到把鳜鱼念成jué鱼，害得他找遍菜场四处打听也买不到，后来搞明白是鳜鱼，就是安徽特色臭鳜鱼，真是踏破铁鞋无觅处，得来全不费功夫……还有青精饭、榆钱饭、桃花酒、青梅酒。但凡我觉得可能好吃的东西，都会让父亲倒腾一番，除却实在找不到食材做不出来的，父亲一概应允。现在想想，我真是任性的小孩，他真是宽容的父亲。

敬亭山中的桃花开了又谢，宛陵湖边的春雨涨满了眼帘，江南的清明，因为你的陪伴，亦显得丰饶明丽，我们放风筝，喝春茶，做青团，赏桃花，吃鳜鱼，嗦螺蛳，样样皆欢欣，连扫墓都如郊游般。

我到现在依然清晰地记得，清明的含义不是从书上看到的，是父亲为我解释的。他带我去扫墓，对我说，清明是指内心清洁明净。清明不单是回忆、拜祭先人的日子，也是整理过往、向前看的日子，我们要想想能从先人那里继承什么，自己想做什么，能做什么。

仿佛是昨日的事，却仿佛有半生那么远。我记得那一天细雨靡靡，那一天野花微香，野草蔓延到我的脚踝。我记得父亲对我说这话的语气和神情，温和得像开满眼帘的桐花，却料不到，在和当时的他差不多年纪的时候，父亲会离我而去。

爷爷过世的时候我很小，小到只能模糊记得他的样子，丧礼亦不知悲痛。爸爸，算起来，你也是很早就失去了父亲，你对我说起清明的时候，是在思念你的父亲。你成家立业，有了妻，有了女，你开始学习当一个好父亲，可你的内心深处，同样藏着一个悲伤的、不知所措的孩子。

很多成长是迅疾的、被迫的。爸爸，现在的我跪在你的墓前，终于懂了。人生一世，草木一春，来经风雨，去似微尘。每一个肯为别人遮风挡雨的人，也同样渴望着别人的呵护。有一天我也会如尘入土，在那之前，我会完成自己人生的目标，好好履行自己的责任。

爸爸，你赐给我生命，予我陪伴与指引。我在你的庇护下活得安稳自信，幼时的我，并不知晓自己的病会给你和妈妈带来多深的不安和焦虑，你们带我去很多地方寻医问药，如今想来，每一次的无功而返，都让你们倍感失落。

但你从未表露过。

你承担了所有的压力，稳定得像一艘大船，替我遮风挡雨，带着我驶向未来。那一年去河南求医，未果之后，你提议从郑州去开封，彼时我热情洋溢地追《包青天》，哼唱"开封有个包青天"，身为京剧迷的你日常在家听的是"包龙图打坐在开封府"，原本意兴阑珊的母亲被我们说动，同意多待几天。

我们去了艮岳，去了龙亭，游了汴河，吃遍了夜市上有名的小吃，你我都觉得味道很一般。但我一直很雀跃，那是我第一次离宋朝那么近，离包拯那么近，开封府啊！多么亲切的名字，它保持了古称，不像庐州改名为合肥那么让人一言难尽。

这次旅行中，父亲趁热打铁给我买了《东京梦华录》和《梦粱录》，我懵懵懂懂，生吞强咽，竟也记下一些。那次同游，他还买了《清明上河图》的复制品，而我多年之后看到《清明上河图》的真迹时，泪如雨下。

一生一世，一期一会，一如张择端所绘的汴京，亦如我和你之间的缘分，镜花水月，历历在目。

清明：

惆怅东栏一株雪，人生看得几清明。

"缓入都门，斜阳御柳；醉归院落，明月梨花。"这是《东京梦华录》里关于清明的描写，最宜就着《清明上河图》来看。就算没有《清明上河图》的神助攻，清明也是我等大众最不假思索张口就来的节气，此节气还在漫长的演进中与寒食节合二为一，成为传统节日中的顶流。

火对古人的重要性不言而喻，为了忆苦思甜，也为了让火种焕然如新生，在寒食时会将旧火灭掉，数天之内只食提前准备好的冷食，待"寒食"结束以后再取新火，将被新火照亮的节日定为清明，有万物清正明洁之佳意。

以禁火吃冷食为特征的寒食在清明前一两日，起源于晋文公重耳为纪念不愿出山为官，宁愿抱木而焚的介子推。认真推敲下，就会知道这其实是君臣离心，旧臣死后，君主转而营销自己求才重情之名的例子。不然很难解释抱木而焚的惨剧会发生。

寒食也有祭祖扫墓踏青之仪，在唐之前被视为"野祭"，至唐后编入《开元礼》，转正成为官方认可的吉礼，皇家祭陵，官府祭孔，百姓上坟，插柳于门，备受倡导。

依旧俗，寒食日江南多食甜酒酪，三晋地区则喜食凉粉、凉面、凉糕、面茶等，都是提前备好，时至今日，冷食之俗渐已无存，寒食节的高级食物"寒具"——"馓子"却还风行于大江南北。这种和面调蜜过油炸的面食，拯救人们被寒食冷粥困缚的胃口。

我对寒食最深的记忆来自一首诗和一张法帖。诗是韩翃的成名作《寒食》："春城无处不飞花，寒食东风御柳斜。日暮汉宫传蜡烛，轻烟散入五侯家。"

这诗写的是宫中向重臣颁赐新火的节俗，侧写出长安权贵的豪奢。历代咏寒食的诗作中，以这首最为知名，知名到虽然人皆知它暗含讽喻权贵之意，却依然被诗中朦胧高贵的美感所倾倒，竞相传诵，以至于长安纸贵，后来唐德宗要找秘书，亲自点名韩翃，此番际遇亦算得以诗入仕的好典范了，足够激励诗人们自饮鸡血三升。

法帖则是苏轼的《寒食帖》，著名的天下第三行书，排在王羲之的《兰亭集序》和颜真卿的《祭侄文稿》之后。若说《兰亭集序》是王右军于惠风和畅的上巳日，在茂林修竹的会稽山兰亭内，与亲友流觞畅饮，神接天地留下的神作，《祭侄文稿》是安史之乱中，颜真卿闻从兄颜杲卿及其侄颜季明被史思明叛军所杀壮烈殉国后的直抒胸臆的悲愤之书，中有碧血丹心之恨，那么《寒食帖》便是苏轼困居黄州三年之后的抒怀之作。他说：

> 自我来黄州，已过三寒食。年年欲惜春，春去不容惜。今年又苦雨，两月秋萧瑟。卧闻海棠花，泥污胭脂雪。暗中偷负去，夜半真有力。何殊病少年，病起头已白。

又说：

> 春江欲入户，雨势来不已。小屋如渔舟，濛濛水云里。空庖煮寒菜，破灶烧湿苇。那知是寒食，但见乌衔纸。君门深九重，坟墓在万里。也拟哭途穷，死灰吹不起。

宋代的黄州和唐代的江州偏僻湿冷有得一拼，苏轼的际遇却比白居易还要沦落许多。他从一方大员变成戴罪之身，从朝野瞩目的宰相候选人，变成一个没有俸禄薪水，只领一些劳保用品，不得签署公事，不得擅离职守的团练副使（虚职），落差之大足以让人秒得抑郁症。

初至黄州的苏轼带着长子苏迈寄身于寺庙中，卧病数月，直至苏辙送他的家眷赶来团聚，寺庙不便容身，遂转到紧靠江边的水驿馆居住。长江流域春来连绵的苦雨，更能让人的抑郁症再深一度。

屋如破舟，灶冷食艰，一家人数着梁上的积蓄过日子，虽然有苏辙接济（大宋好弟弟苏子由终此一生一直没有停止过接济他哥……），生计还是很成问题，后来是好友想办法，帮他申请了一块官府的荒地，让他自耕自种自收，东坡居士的雅号由此而来，然彼时的东坡居士真的是流年不利，日子过得既辛酸又抑郁。

《寒食帖》的消沉在苏轼的作品中是少见的，他此时过的寒食是真寒食——想当初他在密州任太守，同样的寒食节，乘兴写下的《望江南》是这样的："春未老，风细柳斜斜。试上超然台上望，半壕春水一城花。烟雨暗千家。　寒食后，酒醒却咨嗟。休对故人思故国，且将新火试新茶。诗酒趁年华。"

彼时心怀畅快，如春行陌上，可缓缓归矣，恰寒食虽雨，有友有酒，不减心头豪情，无损眼前明丽，此时却病骨支离，心如死灰……

他从来都不是容易失落的牢骚汉，他是乌台诗案被拘押了一百多天，辗转获释之后，步出牢门就可以仰天大笑的大宋第一乐天派。以苏公的豁达乐观，都忍不住牢骚满腹，可见黄州的生活条件是真的差到了某种境界。

若不曾经历过刻骨铭心的磨砺，所谓的放下都只是自以为能的纸上谈兵。即使才高通透如苏公，亦须经历刀劈斧凿的打磨，才能知行合一。生活总喜欢在最残酷的境地中暗藏慈悲的玄机。他万里播迁，向死而生，是真正做到在尘世中修行，超凡脱俗的神仙人物。

说完寒食，再论清明。寒食梨花清明柳，清明紧接着寒食而至，因融合了上巳节踏青赏春之俗，又称踏青节、行清节，时在仲春与暮春之交，既是自然节气，也是传统节日，形成许多约定俗成的节俗，譬如扫墓、踏青、蹴鞠、荡秋千等。最特别的还是"改火"。

苏轼词云："一别都门三改火。"纯手工钻榆柳生火，是个技术活，后来古人也选择用阳燧（类似放大镜）和火石偷懒了。不变的是有幼童参与，皇宫中捧新火的小内侍会得到赏赐。民间引火生灶的同时，也会教孩童说些吉祥话，祝祷日子红火。

钻火之榆，有余之意，与折柳的留，给人的美好祝福一致。将下榆树的果实——榆钱造饭，也是清明的特色食物之一。

传说中，介子推抱树而死的那棵树是柳树，柳树因此被称为清明柳。柳在诗文中出现得早，最早是清明时节，征戍路上的"杨柳依依"，而后是桥边亭外年年岁岁的迎送。

柳徒有留人之意，却留不住任何一个该走的人、该变的事，只留下离情惘惘、离恨深深。

与柳相应，有一种花被称为清明花，那便是桐花。"拆桐花烂漫，乍疏雨，洗清明。"桐花是清明三候中，初候盛开的花。传说凤凰喜栖于梧桐之上，李商隐诗："桐花万里丹山路，雏凤清于老凤声。"是如诗入画的句子。

桐花开时朴素盛大，有甘做背景、衬托群芳的谦和，不比桃花丰艳，不似梨花清冷，是在千红竞艳时容易被忽略的，然而望着满地的落花，就会想起："桐花万里路，连朝语不息。"它落下时发出的簌簌声响，很像有人在耳边温柔细语。

落花翻飞如蝶，寂寞似雪。给人这种感觉的，还有梨花。关于梨花的诗，喜欢的是"惆怅东栏一株雪，人生看得几清明"。

清明时气温稳中有升，喜阴的田鼠躲回洞穴，喜阳的鴽鸟（鹌鹑）都出来活动了，是谓二候"田鼠化为鴽"。天暖了，鼠变成鸟类，天冷了，鸟又变成贝……古人关于万物运化有着不合科学认知、却逻辑自洽的想象，举凡惊蛰"鹰化为鸠"、清明"田鼠化为鴽"、大暑"腐草为萤"、寒露"雀入大水为蛤"、立冬"雉入大水为蜃"，皆是如此，不必深究。

三候虹始见。古人认为虹为阴阳交会之气，清明虹不现，预示着社会上淫乱之风会兴起，虹始现于清明，隐藏于小雪。比起这些似是而非的隐喻，雨和风才是受农人重点关注的气候现象。

不能忘却的是旅行中看见各地的农民忙碌春耕的景象，即使是我这样四体不勤、五谷不分的人，幼时亦听过很多农谚，譬如："清明前后一场雨，好似秀才中了举。"却也有说："清明宜晴，谷雨宜雨。"

这些截然相反的说法弄得我很困惑，求教于父亲，父亲说不出所以然，让我请教外公，外公说了几句令我印象深刻的话：

"做人难做四月天，蚕要温和麦要寒。种菜哥哥要落雨，采桑娘子要畦干。"

长大之后，每每遇到事情，我就想起这段话，很奇妙，我对世事难两全的理解，对于换位思考的最初认知，居然是源自这段农谚。

如果连上苍对于人的愿望都无法全然兼顾，那么人和人之间又何必强求呢？顺势而为，得失随心，不仅仅是正确的道理，更应该是内心持守的行为准则。

父亲过世之后，清明和冬至成了一年中我最想忽略却不能忽略的节，这种感觉，连外公过世都不曾有过的。毕竟外公过世时已经七十岁，我相对可以释然，可父亲离开得遽然，我痛忏自己福德不够，业障太深，不能护他百年终老。

研习过的佛理可以助我接纳生死无常的实相，却不能让我停止思念。

爸爸，我现在很好，这世界也不坏，你可以放心。

洛阳牡丹

王城公园里人潮如织，那些携老扶幼的人从我身边经过，我看着眼前的姹紫嫣红，想起你来。

你教我折枝牡丹，在断口处烧焦，用蜡封住，说这样做可以延长花期。待花谢时做油煎白牡丹花瓣，择白牡丹花瓣，勾芡裹以蛋清，味道类似炸虾片。

以花为食，比化作春泥更让我印象深刻。

外公，你清癯的脸，淡然的笑，我终是不能忘却。外公，这是你常提到的城，是我们在诗词中品读过无数次的城。

谷雨三朝看牡丹。我们说过要一起来看牡丹的，可惜有生之年，未能同游。

是因为你，我对这城，对谷雨这节气，对来洛阳看牡丹，充满了忆念和情结。

最开始的时候，是去南京，在莫愁湖边，你教我念萧衍的诗，"河中之水向东流，洛阳女儿名莫愁。"我说，那南京的湖为啥叫莫愁湖？应该洛阳的湖叫莫愁湖才对。

你酝酿了一会儿才回答我：……在南京做皇帝容易发愁。

我：……那在洛阳好点？

你说：好很多，洛阳居天下之中，那是孔子问礼、出河图洛书的地方。

路过江宁，你说起王昌龄曾做江宁尉，在此送别朋友，写下那首《芙蓉楼送辛渐》当中有"洛阳亲友如相问，一片冰心在玉壶"二句。彼时刚读完《小橘灯》的我恍悟冰心奶奶的笔名"冰心"出自这句诗，觉得自己甚是聪明。

再然后，是去杭州，你在白堤对我说写下"江南忆，最忆是杭州，山寺月中寻桂子，郡亭枕上看潮头"的白居易在此做官，最终归老于洛阳。还有那个从小砸缸救人，长大写下《资治通鉴》作为帝王教科书，与王安石不对付的司马缸，哦不，司马光，写过你最喜欢的一首诗："烟愁雨啸黍华生，宫阙簪裳旧帝京。若问古今兴废事，请君只看洛阳城。"

还有邙山、老君山、白马寺、关林、熹平石经、龙门石窟、洛阳水席，林林总总，关于洛阳的典籍掌故，我们说过很多，以至于我现在去到洛阳，永远都感觉很熟悉。

其实牡丹不是美得那么倾国倾城，个头太大，尤其是满园盛开的时候颇有壮硕之感，像是看见了一群唐朝仕女蜂拥而至，赶庙会似的，热闹得让人发懵。倒是有一年，故宫从洛阳运了一批牡丹入京，放在紫禁城中，为新修好的慈宁宫花园增色，那一回的牡丹，在红墙黄瓦的映衬下有灼灼之态，可能更接近沉香亭畔的牡丹。

"名花倾国两相欢，长得君王带笑看。"令牡丹声名鹊起的，是一代女皇。她本身即是名花倾国，也做到了九五至尊。

武则天时代的洛阳，雨水之丰厚，气候之多变，比之今日的江南不遑多让，加上土壤中有适宜牡丹生长的锰、铜、锌、钼等微量元素。故而有"洛阳地脉花最宜，牡丹尤为天下奇"之誉。

牡丹之雍容，品种之多样，契合了唐人浓烈外放的审美。以花而论，当时确实难有别的花，恰好在女皇最爱的神都开得这么先声夺人。将洛阳牡丹和独一无二的女皇陛下结合起来，可不就成了真国色，动京城。

当时的谷雨前后，牡丹花开时节，是满城狂欢的游园会嘉年华，"花开花落二十日，一城之人皆若狂""家家习为俗，人人迷不悟"，大到上阳宫、白马寺，小到朱门寒舍，无处不见牡丹花踪，时人以牡丹做糕，花重金斗花、聚会、评题花榜。

富贵人家将各种花移植到木槛里，下边装上轮子，再用彩带装饰，四处牵引，供人观赏，号称"移春槛"。

唐人四月赏花之俗沿袭至宋，在喜好小确幸、优雅爱热闹的宋人手中发扬光大，更成倾城之欢。所谓："桃李开花未当花。须是牡丹花盛发，满城方始乐无涯。"诸多花痴中，六一居士欧阳修堪称翘楚，以其安邦定国著史之才为牡丹立传，追根溯源写了一本《洛阳牡丹记》，表白曰："洛阳之俗，大抵好花。春时，城中无贵贱皆插花，虽负担者亦然。花开时，士庶竞为遨游。往往于古寺废宅有池台处为市井，张幄帟，笙歌之声相闻。最盛于月陂堤、张家园、棠棣坊、长寿寺东街与郭令宅，至花落乃罢。"

时有精通园艺、商业嗅觉敏锐之人，早早养护好牡丹，如姚黄、魏紫、赵粉、豆绿、玉楼春、御袍黄、杨妃醉、二乔、青龙卧墨池等名品均可获利数千钱，堪称一株万利。再有古寺僧人，为招揽信众，增加香火钱，亦潜心于花艺，秘不外传，恃此争胜。

　　我琢磨了一下古人对牡丹的追捧，其心态颇似如今大众对顶奢的追捧（只不过牡丹是真国货）。原因有四：一因其花姿富贵不孤寒，有好的寓意，被皇家定了段位；二是名流"大V"竞相吟诵，抬了身价；三是可成为社交货币，长期持有可盈利可增值；四是出场的时机合适，姿态上佳，充分满足了市场和受众的深层心理需求。牡丹花开的时节，时值暮春，落尽春红始著花，犹如盛宴将阑时出现的压轴明星，有别样的惊喜，是令人念念不舍的秾华，之前的紫藤，之后的荼蘼、楝花，美则美矣，难免有侍婢之态。

谷雨：谷雨洗纤素，裁成白牡丹。

诗云："谷雨洗纤素，裁成白牡丹。"牡丹被称为谷雨花。谷雨这个节气，雨水丰茂，是"雨生百谷"之意，此时秧苗初插，人们忙着春耕。

传说在黄帝时代，造字的仓颉对天祈求说："我想要五谷丰登，让天下百姓都有饭吃。"次日降下谷种如雨，黄帝将此日定为谷雨。为感念仓颉的恩德，在仓颉故里——陕西白水县留有"谷雨祭仓颉"的习俗。

《月令七十二候集解》记载："谷雨，三月中。自雨水后，土膏脉动，今又雨其谷于水也。"谷雨有三候："一候萍始生，二候鸣鸠拂其羽，三候戴胜降于桑。"第一个五天，水面开始有浮萍出现。萍，水草也，与水相平，故曰萍，漂流随风，故又曰漂萍。

第二个五天，布谷鸟（《荆楚岁时记》称获谷）发出"布谷，布谷"的叫声，也有说是"鸠"是斑鸠，不过斑鸠的叫声不如布谷应时应景，不如获谷吉利，最终还是布谷鸟的说法占了上风。布谷是传说中的古蜀国望帝精魂所化，即李商隐诗中"望帝春心托杜鹃"那位悲情君主。这位君王失国之后依然顾念着子民，担心他们的衣食，每到春忙便要催促农人抓紧时间春耕。

最后五天，当戴胜鸟出现在桑树上，蚕农知道要开始采桑育蚕了。

汉乐府中有一名篇《陌上桑》，是说有一采桑女姓秦名罗敷，罗敷年轻貌美，善于打扮，"青丝为笼系，桂枝为笼钩。头上倭堕髻，耳中明月珠。缃绮为下裙，紫绮为上襦"。按诗中所述，这架势是将采桑当成时装秀来走了，从采桑的工具到衣饰头面，无不透着精致撩人，是会干活的"小妖精"没错了。

老少（此处特指男性）见到她的反应忒真实感人："行者见罗敷，下担捋髭须。少年见罗敷，脱帽著帩头。耕者忘其犁，锄者忘其锄。来归相怨怒，但坐观罗敷。"

如此盛世美颜，自然引来觊觎。某日路遇使君（太守、刺史之类的当地长官），使君向罗敷表明了钦慕（调情）之意，邀其同乘，出乎意料的——文学史上著名的转折出现了，以美艳示人的罗敷干脆利落拒绝，"使君一何愚？使君自有妇，罗敷自有夫"。

后面罗敷的话意在表示，我的夫婿也是人中龙凤（或者说，我的意中人是这个样子滴！您还够不上！），他在外头搞事业！姐是名花有主的！使君听后是什么反应，故事里没有交代。但罗敷的形象就此立住了。我不想标榜罗敷是节妇，忠贞不贰什么的，我认可的是罗敷的自尊自爱、超前的意识：姐长得美，姐爱打扮，姐爱抛头露面，是姐的自由，不是你调戏的理由。

桑叶可以养蚕，桑葚可做零食吃，我素来吃相欠佳，总吃得满嘴乌紫，大了之后觉得有损形象，看见了会买来躲在家里偷偷吃，但滋味总不如幼时鲜甜。

外公用桑葚泡酒，喝到坛底的时候极浓稠，似果酱，我尝过，竟然也没有醉，许是遗传了父亲的酒量，但我终是不爱杯中物的，还是喝桑叶茶多些。外公说有清肝凉血、疏风散热之效果，长大之后知道可以清脂减肥，这才是我追求的效果。

谷雨时的春光，诗词里写得流光溢彩，声色俱佳："暮春三月，江南草长，杂树生花，群莺乱飞。"然陌上花开时节恰是蚕农最忙的时候，根本不得闲赏春光。

农历三四月俗称蚕月。苏州的蚕农提笼采桑，祭拜了蚕神之后，就开始护火育蚕，是月门贴红纸，邻里之间主动减少人情交际往来，育蚕需日夜勤谨，更有诸多禁忌，至小满时煮茧缲丝，方可稍宽，就中辛劳难与人言。

我之所以记得清楚，是因为外公的堂哥老来定居苏州，而苏州太湖是名副其实的丝绸之乡，若少了丝绸，丝绸之路无从谈起，中国古代持续的贸易顺差会少了大半。某日因我问起"春蚕到死丝方尽"，外公对我说起丝绸，说起因时局变幻，去到国外，与他分别半生的亲人。他那时身体已经很不好，他说，等身体好了，要去看他，而最终，两位老人缘悭一面……

后来，我替他赴了这约，在苏州见到了二爷爷。他是与外公身形样貌气度十分相似的老人。他坐在那里看报纸，我从门口瞥见，心头一震，这一幕非常熟悉，他起身相迎，对我微笑，恍惚间，我以为我的外公回来了……

二爷爷对我说起他和外公的童年旧事，我才知道，我外公的父母去世得早，家道中落，被二爷爷家收养过一段时间，两人年纪相近，脾性相投，后来时局更坏，最困难的时候，家里只能供一个人读书，我外公就拿着草纸练书法，听放学回来的二爷爷背书，复述私塾里的课。

二爷爷叮嘱我要好好读书，说这是最好的出路，我说会的，外公是我最好的榜样，他一生矢志向学，用诗书替我营造了一处世外桃源。之前和后来的经历让我深信，一个人的童年如被善待，往后的人生即使再多颠沛，回想起来，心头亦有温存暖意，信念不会大改。

二爷爷十分歉然没能赶去看望我外公，我知道，那是因为他的身体同样欠佳，他的子女和我爸妈商议之后怕他们见面伤情，只让他们电话联系。

是会有遗憾的，本以为还可以再见，谁知道，年少一别竟成永诀。

二爷爷在书房里翻找相册，执意要找到外公小时候的照片给我看。我望着脚步蹒跚的他，别过脸，红了眼眶，忽然想起元稹的那两句诗："我今因病魂颠倒，唯梦闲人不梦君。"

那一刻，我好像明了了外公从不曾宣诸于口的孤伤。

我送了二爷爷一盆花，是外公养的玉楼春。彼时我对着那盆被精心伺候的玉楼春看了又看，坚定地表示牡丹不比芍药好看，但因为玉楼春这个名字，我爱上了这个词牌名。

除却看牡丹，外公还想去看龙门石窟，去看造像和题记（他是喜欢书法的人），后来我借工作之便去洛阳已成为习惯，每次住在东山宾馆也成了习惯。东山宾馆是个位置绝佳的所在，毗邻白居易的墓园，出了宾馆不远，便是龙门石窟。

早起去了白园，拜祭白居易。在香山寺诗廊，遇见一些日本人，言语安静，举止安然。从神色中可以感觉到，他们崇敬白居易，远胜于我们这些到此一游的国内游客。我想，彼时的大唐能少一个无足轻重的官员，但唐诗的辉煌少不得白居易。

他写《长恨歌》，写尽了倾国倾城背后的深情和悲凉；他写《琵琶行》，道破了"同是天涯沦落人"的流离之悲；他写《卖炭翁》，写透了百姓被宫市所苦的惨痛凄凉。

以笔为刀，直剖时弊，亦曾出任苏杭刺史，颇有政绩。他后来不是不想作为，是限于时势再难有作为。所以转心向道，流连生活，着重写闲适诗和禅诗。

他晚年做太子宾客，中隐避祸于洛阳，尝捐钱开挖龙门一带瘀堵的河滩，方便舟行，亦与高僧、耆老泛舟于伊水，题诗作画，参禅论道，他捐资重建香山寺，于龙门开窟造像。

浮云不系名居易，造化无为字乐天。他的一生活成了他想要的样子，要抵达的彼岸，也在龙门找到了方向。

行至宾阳北洞，见到主尊阿弥陀佛，右手作施无畏印，由于佛指损毁，呈现出来的手势像极了比"耶"！我不自觉地笑起来。

明心见性，求仁得仁，就很好呀！

春去夏犹青

云收雨过波添，楼高水冷瓜甜，绿树阴垂画檐。纱厨藤簟，玉人罗扇轻缣。

——白朴《天净沙·夏》

立夏：

春尽杂英歇，
夏初芳草深。

吐尔根杏花

夏如鹰，从春之缠绵中俯冲而下，誓要攫取更多的生机和活力。新疆的夏天最符合"夏"的本意——"大"。吃得痛快，热得坦荡，美得毫不扭捏，草要铺天盖地，花要漫山遍野，云要浩荡无涯。日光从早到晚，加班加量不加价，让你感觉比别处多收获一个夏季。

新疆的夏天，是西域卸下沧桑，最柔情满溢的季节，花草烂漫，自由组合。从五月开始，天山红花开遍，昭苏油菜金黄，霍城薰衣草紫……花开次第，络绎不绝，配上蓝天、白云、草原、雪山、净湖，有海阔天空般的美感。

原本我想着将夏天的某一个节气放在新疆，借以代表新疆的夏天。然而我失败了！新疆太辽阔了！一个节气完全无法言尽风光，甚至一个季节都不足以囊括它的风情万种。此外，我在新疆邂逅的古城和遗迹，那些盘根错节的历史，足够我磨磨唧唧写出另外一本书。

譬如丝绸之路、取经之旅或边塞诗什么的。

一度我领会到玄奘大师被困在玉门关外的莫贺延碛沙漠那种进退两难的感觉。

这么说，丝毫没有拿自己跟玄奘大师相提并论的意思，玄奘大师是上师，我对西域的兴趣，除了边塞诗，便是来自他。我在新疆的行走线路多半也是源自他，说是追星之旅，并不为过。

间或还有其他人，但玄奘大师是最亮的那盏佛灯，从长安一路照耀到天竺，永不熄灭。

是在春天赶到伊犁的，为赴一场想念已久的杏花之约。

人都说江南春色好，我不否认，不过说这话的人一定没有来得及慢慢地从新疆的大地上走过，未曾完整领略过浩荡的真意。四月的时候，处于天山深处的吐尔根沟杏花盛开，洋洋洒洒，若烟似霞。

在杏花树下野餐，翠色欲流的草甸、悠然洒落的花瓣是天然的茶席，煮着老茶头，啃着比我脸还大的风干肉，豪迈自生。学会用英吉沙小刀朝着自己削肉，这是牧民的好习惯，把危险留给自己，将刀口对着别人是不礼貌的。

我打着饱嗝，端详漫山遍野绵延起伏的花海，暗暗将"灼灼其华"四个字，从桃花那里拿过来献给了杏花。

杏花和桃花，在我眼中亲如姐妹，除却因诗词对它们产生的印象不同，其他都蛮像的，都是朴实而有风情、被名字耽误的美人。若真地要比，桃花沾染的情爱太多，杏花的气质更仙一些。

在杏花树下小憩，以为睡了很久，其实只有一会儿。半梦半醒间看见杏林，温柔，沉静，美而不自知，自此以后，但凡有人说起"日边红杏倚云栽"和"牧童遥指杏花村"，我只合得上此处。

那杏花层层叠叠掩映着粉嫩的日色，似要开到天上去……山野深处，有真正打马而过的牧童，杏花烟笼的地方安放着真正的村落，不是吗？比起江南杏花村的欲言又止，伊犁的野杏林让人豁然开朗。

暖暖远人村，依依墟里烟。同样的风光在新疆看来格外清透，村居格外疏阔。人只是自然里渺小的一点，似有若无的存在。

朋友们要去走夏特古道，这是一条跨越天山、由北至南的近道，北接伊犁昭苏县夏特牧场，南至阿克苏温宿县破城子，全长120公里，是丝绸之路上最险峻的古隘道，是新疆也是国内顶级的徒步路线之一。

我闹着要去，说我也是转过冈仁波齐的人！大伙研究了一下路线，除了开始需要涉水过河，中间还有大段的冰坡需要翻越，结论是我实在不适合掺和。

我嘤嘤嘤半天，朋友说，这样吧，让你过个瘾，一起到第一天的宿营地，你看着我们出发，然后回来时你再去昭苏泡温泉接我们，成不成？

我想了一下，说，成交！路上记得给我拍照片！帮我跟玄奘大师问好！

他说行，愉快地击掌成交。

营地边河流蜿蜒，沟谷痕迹深重，直直地插入山中，视野的尽头是闪着寒光的雪山。雪山背后有峻拔的冰川，这是将来的几天伙伴们要跋山涉水走的路，户外运动的乐趣就是自讨苦吃。千年前的唐代，玄奘大师走过的时候，条件肯定更为艰苦。

周边的牛羊不多，地上有薄薄的草皮，野花嶙峋，山野尚未全面展现它的丰沛与妖娆。哈萨克人夏季转场刚刚开始，他们还在路上……哈萨克人是真正生活在马背上的民族，牧民观察着草场的变化，随着雪融化和飘落的痕迹改变牧居的路线，进行着艰辛但不乏诗意的迁居。

哈萨克人一年三季的迁徙给人的震撼与感动，在城市中无法体会。这是节气深入生活的表现，牧民在奋力寻找自然给养的同时，懂得顺天应地、遵从自然的规律教化，与农民一样，心存敬畏，默默接受安排，付出努力抗争，朴素的生活因此充满宗教的神圣感。

送朋友们出发那天正好是立夏，这个节气预示着夏季开始。我将在新疆待到夏末，接着前往敦煌，才能勉强完成我计划中的西域古国之旅的部分。

出发前，大家在营地聚餐，本打算凑合一顿，结果有人提出立夏这天的饭要做得讲究，吃了无病无灾。于是大家都认真起来，立马检点车上带的食材（面粉、牛奶、牛羊肉、胡萝卜、芹菜、洋葱、各种调料）分配好洗锅、搭灶台烤架、和面、热馕、串羊肉串、捕鱼等任务，作为一只闲人，我被分配到的任务是煮茶。

看着周围欢快的、忙得热火朝天的朋友，我顿时有种承包了牧场，在这里开饭馆的错觉，随遇而安的感觉真好。

我正在认认真真地撬茶煮茶，朋友欢呼着跑回来，凑到我身边，举着一朵硕大的蘑菇说，来，送给你！

那是比我这些年在云南见过的所有的菌子都要大的蘑菇。我接过那朵比我脸还大的蘑菇，眼中精光闪烁：做个蘑菇汤怎么样？

朋友在旁边啧啧：太不浪漫了！亏你还是个作家！我说：谢谢，我首先是个吃货，然后才是个作家。子曰，吃进肚子里是最大的浪漫！朋友们嬉笑着散开去，我听见他们说：这个蘑菇比小安的脸都大！

我搓了一把脸。在新疆，大伙发明了一种奇怪的形容方法——用我的脸来比较一件东西的大小——总结下来分别有比我脸还大的风干肉，比我脸还大的蘑菇，比我脸还大的馕，比我脸还大的抓饭、拌面、汤饭，以及比我脸还大的缸子肉、大盘鸡等等。

比来比去，我得意地说，我的脸真小啊！他们说，不！这只是证明我们新疆的东西大！

做饭中途，朋友喊了一声，要下雨了！我抬头看了看云，天高云淡，看不出任何要下雨的迹象，心想谎报军情吧！过不了一会儿，雨噼里啪啦地下来啦！

雨赫然不小。我看了看大伙，烤肉的烤肉，煮汤的煮汤，切菜的切菜，热馕的热馕，有说有笑，泰然自若，岿然不动，我只好收起惊讶，不动声色地蹲在地上煮茶，默默地赞叹：少数民族的兄弟朋友心就是大。奇怪的是，又是风又是雨，火也没被浇灭，饭菜居然也做好了。

那朵蘑菇不负众望，和壮烈牺牲的鱼配在一起，做成了好喝的蘑菇鱼汤，汤色乳白，鲜到掉眉毛，水乳交融的滋味胜过了我所有吃过的蟹和秃黄油。维吾尔族的朋友啃着馕问我，你觉得我们的饭跟藏族的饭比怎么样？我说，我们藏族人从松赞干布算起，平均两百年推出一道菜，你们一会儿能整出一桌菜，比不了，比不了！

这倒不是拉踩吹捧，且不说厨艺高低，就冲这冒雨做饭的热情，藏族人就比不了。要不是没带米，锅也不够，这帮人恨不得就地焖一锅抓饭，对他们只能献上膝盖。

忽然之间云散雨收，阳光像神迹一样出现，在群山间投下耀眼的光芒。雨后草色明艳，草甸上升起蒙蒙雾气，群山好像从大地上浮起来一般。

气温迅速回升，仿佛刚才的瓢泼大雨只是跟我们开的一个玩笑。

新疆大地骨骼清奇，天气个性清奇，一言不合电闪雷鸣，刮风下雨下雪下冰雹都是正常的，人在自然的跋扈难缠中学会淡定，若无其事地应对——接受——欣赏。

我庆幸自己很年轻的时候就跟少数民族的朋友在一起，被他们影响之后，少了许多不必要的矫情和大惊小怪。

当时我发挥勤俭持家的本色，用剩下的茶水煮了茶叶蛋，把手边能找到的香料都扔了进去，尝了一个，味道居然不赖。我号召大家吃之前碰着玩，输了的人就把蛋吃掉，无人响应。这帮人表示眼下实在吃撑了，明天早上带着路上吃，这个表态让我稍感安慰。毕竟我也是爱做饭、喜欢听表扬的人呐。

碰蛋是立夏的民俗，我儿时的记忆之一。小的时候，立夏这一天，会和外公一起煮鸡蛋，然后画上各种图案，我那时不知道这就是唐代"镂鸡子"（镂刻鸡蛋）古俗的演变，但是觉得很有趣。

立夏之后出现的樱桃，则是这个节气馈赠的仙物，我最爱的水果之一。李子和青梅同是这个时节出现的恩物，用酸甜提醒着人们季节的到来和转变，不过在我心中，这两样远不及樱桃可人，并且古人认为，立夏食李可以使容颜娇美，也没什么效果依据。

至于青梅，我死心塌地地认为云南的品质好过江南，其实是喜欢坐在大理的梅树下，挑选摘洗梅子，拿着小刀学着刻雕梅，做青梅酒，有心无旁骛的闲适感。

江南的梅子总让我想起梅雨季节，那真是不堪回首的折磨啊！

吐完梅雨的槽，说回鄙人最爱的樱桃，得了一筐樱桃之后，以爱悦之心将其洗净，再用剔透的玻璃碗盛好，仅仅是静置于案前，也有赏心悦目的美感。每每看到"大珠小珠落玉盘"这句话，先想起的不是《琵琶行》，而是樱桃。巧合的是，白居易也是樱桃控。

樱桃在古代是敬奉宗庙的祭品之一。《吕氏春秋·仲夏纪》云："是月也，天子以雏尝黍，羞以含桃，先荐寝庙。"这里的含桃就是樱桃，樱桃先于百果而熟，为莺所喜食，故名含桃。其深红者名朱樱，正黄者名腊樱。樱桃在唐代更受追捧，京华御道，大内名园，权贵府邸别苑遍植樱桃，寻常人家也以植种樱桃为雅。

由此风俗，可知樱桃为唐人心中第一仙果。唐代诗人多，樱桃花开漠漠如雪，霜笼京华的风姿随之频频落入诗章中，连唐太宗乘兴都要凑一首《赋得樱桃》：

> 华林满芳景，洛阳遍阳春。
> 朱颜含远日，翠色影长津。
> 乔柯啭娇鸟，低枝映美人。
> 昔作园中实，今来席上珍。

鉴于这首御制诗过于工整，写景还有点大气精良，我有理由怀疑这首诗华丽的前三联是由虞世南或上官仪代笔，朴实到扑哧一笑的最后一联才是李世民自己的手笔。

唐代宫廷赐宴时喜以琉璃盏、赤玉盘、青丝笼盛樱桃，和以酥酪，配以冷蔗汁或酒。"蔗浆自透银杯冷，朱实相辉玉碗红。"有冰冷华贵之美。

樱酪和酥山一样，是唐代宫廷经典甜品，不过我觉得，樱桃配着蔗汁、乳酪吃，终是过于甜腻了。当然了，面对敕赐的樱桃，大臣不可能像我敞开肚子吃，盘中点缀一两颗，其余用乳酪和蔗浆来充场面，用餐会显得优雅得体。

纵然唐代高手如云，将樱桃写得最好的还是宋词。"红了樱桃，绿了芭蕉，流光容易把人抛。"将节气转换写得流光溢彩。能与蒋捷词红绿交映一较高下的，好像只有辛弃疾的红白相衬了："点火樱桃，照一架，荼䕷如雪。"何止漂亮，简直霸气。

立夏：春尽杂英歇，夏初芳草深。 *081*

莹润欲滴、吹弹可破的小樱桃今已不多见，现在四季皆有、遍地皆是的大樱桃（车厘子），口感上差了很多意思，身型可用壮硕来形容。

不是顺应时节自然生长的风物，难免有东施效颦之态，只是西施本少，东施太多。再过些年，说不定新一代人已经完全以车厘子的滋味为记忆基准了，他们说起车厘子来，同样深情款款，最难将息。

人的记忆总是这样一代代更迭重建，新旧交杂，没有截然的好坏可供取舍。

从某种意义上说，不求功名，用半世精力写《清嘉录》的顾禄也和张岱一样，是在前人留下的风俗上重建自己记忆的人。他在潜心著述之时，难免会生出类似的怅然吧。

《清嘉录》载，江南有"秤人""讨七家茶""立夏见三新"等习俗。立夏秤人之俗与立秋贴秋膘相应。古时寻常人家物资匮乏，炎热的夏天，生活饮食更为简单，清减是常事，秤人时说些吉祥话，祝祷平安，亦可检查身体，相互提醒安康，到立秋的社日庆祝丰收，贴秋膘改善生活。总体而言，古人还是以丰腴富态为美的，如今的人，尤其是女人，巴不得全身上下一年四季都瘦一点，穿衣服好看嘛。

立夏日特意讨来七家茶喝以提升精力的习俗已不多见，三种时新倒还常见，只是淡化了祭祀、供神之用，家常所食的三新可以是樱桃、枇杷、李子，可以是竹笋、苋菜、蚕豆；还可以是银鱼、鲥鱼、河豚，丰俭由人，随顺心意。

立夏是被格外郑重对待的八大节气之一，享有天子亲迎的待遇。立夏日，天子亲率百官，"迎夏于南郊"，按五行划分，夏属火德，人们或乐或苦，皆是因为这个火。

迎夏时，着赤衣、佩赤玉、乘赤车、执赤色旌旗，想象着一只赤色的队伍浩浩荡荡行走在郊野，去迎接夏天的到来，就觉得明艳动人。

夏这个字，在甲骨文中的象形是一个人，立于天地之间，手持农具，用心耕耘。中国的第一个王朝叫夏，有强劲盛大之态，疆域广大之意，由此衍生出的"华夏"是服章之美、礼仪之大、五色焕然、生生不息之愿。

与北宋对峙的西夏，是嗜血的王朝，盛气凌人，也有入主中原的野心，与北宋雍容娴雅的春之气度不同。

"天务覆施，地务长养。"立夏带来的是天气和地气的均衡，天地交泰、不厚此薄彼的滋养，会带来真正的欣荣。夏这个季节，上承春光，下启秋色，风风火火，热热闹闹，从天到地，由人及物，都是积极自信的，像一个未经忧患的年轻人。

"四月立夏为节，立字解见春，夏，大也，至此之时，物已长大，故以为名。"这段话可以理解为，立夏才是真正的盛春，

立夏：春尽杂英歇，夏初芳草深。 083

春天的影响力从立春开始释放，到立夏达到了鼎盛。

二十四节气各司其职，彼此之间相互配合，大体是和谐的，私下也存在竞争。到了该交接的时候，不会立刻退场，总要磨蹭一下。夏的开始，不是春的戛然而止，而有延续的意味，雨季的拖沓就是明证。

"春尽杂英歇，夏初芳草深。"春夏交接生机勃勃的劲头还可以从立夏三候"一候蝼蝈鸣，二候蚯蚓出，三候王瓜生"看出来。鸣，出，生，从字面看来亦很热闹。

蝼蛄，俗称喇喇蛄，喜欢咬食植物幼苗的根和茎，算是害虫，偏偏还是昆虫里面活得长的。它喜欢挖土的习性会使秧苗和土壤分离，进一步造成作物枯死。古人称之为硕鼠（《诗经·硕鼠》里的硕鼠，也指祸害秧苗的蝼蛄，并非专指老鼠。当年写到这一笔的时候，好像写错了）。

古人将蝼蛄比为五技鼠，能飞、能爬、能游、能挖洞、能上树，听起来很厉害，实际上这货无一精专，成了俗语中学艺不精的代表。好在蝼蛄可入药，有利水消肿、通淋解毒的功效，不算真的无用。

蚯蚓呢，口碑就比较好了，常在雨后出没，勤奋地松土，有利于土壤通气排水，使之肥沃，可以入药，还可以当饵钓鱼和龙虾，小小的个子大大的用处，虽然长得细弱，却被尊称为地龙。江南的雨季，外公会带着我钓龙虾，龙虾很容易上钩，随便钓钓就是一盘菜，很容易有成就感。

俯拾皆是的后果导致我在北京论只吃龙虾总是肉痛，明明一大桶都很便宜。论起口味，风靡京城的"麻小"还比不上清水蒸虾好吃。

立夏三候之物皆可入药，王瓜的藤蔓初夏开始生长，到秋天结果。我原以为王瓜是黄瓜的亲戚，想等它熟了，凉拌来吃，结果被我的中医伯伯取笑，说乌鸦才爱吃这个。王瓜又叫"鸦瓜"，是很实用的药材——我小时候很是喝了几年中药，苦中作乐喜欢上高大且琳琅满目的中药柜，为了把玩秤药的小秤，我曾立志跟着伯伯学中医来着，获赠了一部《本草纲目》之后，证明我眼瘸，是资质愚钝的……植物盲……

交代完物候，再来说立夏的浴佛节。

小时候随家人去寺庙，大家都只知道烧香拜佛，并不深究浴佛节的来历。后来我自己成了佛教徒，对浴佛节才算了解清楚。

那一年，佛陀降生于蓝毗尼圣园中的娑罗双树下，悉达多王子落地即会站立起身说话，往四方各行七步，步步生莲，王子一手指天，一手指地，言道："天上地下，唯我独尊。"其时大地震动，天花乱坠，九龙吐水，以浴佛身。

最初看到这句话的时候，是很惊讶的。不是因为华美的记述，而是因为佛陀说的话。难道佛陀是如此狂妄的人吗？张口第一句话就是天大地大，他最大？后来读了佛经，闻思法教，才明白，佛陀口中的"唯我独尊"，是指天上地下有情众生皆难逃脱爱我执掌控。

因为俱生无明，形成了"我"的意识，进而强化，认为"我"所拥有的一切真实不虚，是可以永恒不变的，爱我执是人生诸多痛苦的根源。

《佛说灌洗佛形像经》云："浴佛形象如佛在时，得福无量，不可称数。"忆念佛陀时，要忆念的，不是他的形象，而是他的法教。要求取的，不是他的福德，而是他的智慧。

以法为师，以戒为师，这是佛陀入灭时的遗训。

依循佛陀的法教闻思修，了知贪嗔痴的过患，深信因果不虚的规律，坦然面对生老病死的变化，升起不动摇的菩提心，承续如来事业，救度众生，离苦得乐，这才是浴佛、礼佛、敬佛的真义。

旧时寺庙，会在浴佛节时煎药香水赠予信众，名为浴佛水，又煮豆布施，号为结缘豆。这是《日下旧闻考》里的记载，可以理解为推广宗教、回馈信众的行为。

赛里木湖

　　如果说，江南的夏天是娇俏可人的小作精，总让你看她的脸色猜心思，那么新疆的夏天就是顾盼生辉的天女，美得飒爽，一点都不扭捏作态。从昭苏回伊宁的路上，转道去了赛里木湖。伊昭公路像迷宫一样漫长的草场和山峦，看久了也疲倦，直到赛湖骤然出现，是满眼的黄绿当中出现的一抹仙蓝，盈满了眼帘。

　　新疆湖泊不少，我所见的湖泊也不算少，然而赛湖还是最特别的。它蓝得像梦一样，悬在天地之间。从当时我所在角度望去，赛湖的湖岸线犹如一张拉开的弓，清蓝的湖水是满蕴柔情的箭矢，破空而来，猝不及防射中了我的心，留下甜蜜难愈的伤口。

　　赛湖古称"净海"，位于丝绸之路的北道，新疆著名的高山冷水湖。浪大得有点像海。地理书上说，赛湖是大西洋的暖湿气流最后眷顾的地方，被称作"大西洋的最后一滴眼泪"。我顺道慕名而来，本以为它和西藏的圣湖相似。却未想到它的美，从此深印心上，不可失，不能忘，如紫霞在至尊宝心中流下的那一滴不会干涸的眼泪。

比青海湖、羊湖、纳木错、玛旁雍错更好的，是赛湖边可以吃得更好，可以住得离湖很近。

新疆与内地两小时的时差，令我可以很从容地起身瞻仰日出。傍晚的日落也是一样悠闲漫长。

看天空与湖水日复一日拥吻别离，留下满湖余晖荡漾。内心的每个角落随之升腾，明亮，又消隐沉静下去。

赛湖的月色亮得令人心颤，当月亮升到最高处，周围恍若白天般明亮，大地与群山依旧沉浸在坚固的夜色中。

湖泊雪山，乱石闲云，草长莺飞，山花烂漫——同样的风景在新疆看来，会更宏大透彻些，因为原始，连宗教所赋予的隆重都轻了很多。

与华夏大地上许多湖山一样，赛湖也有情人湖之称，又是一对情人殉情所化，听得多了，对此类传说已心无波澜。

只有很年轻、无所事事、眼界狭窄的时候，才会把爱情看得比天大。然而恋爱，是在年轻时最不必倾尽全力的，小有圆满即可。

一驿一程走下去，只要不作茧自缚，就会遇见很多人、很多爱。况且人生有很多事，远比爱情更深刻，更值得倾心。

小满：

洛下麦秋月，江南梅雨天。

　　回到伊宁，白天在酒店里睡觉、看书、写作，晚上去夜市上吃烤串、拌面，喝酸奶、格瓦斯，顿顿扎实，以至于每天吃完都要上秤，很是符合立夏的节俗。

　　新疆的夜市，仪容整洁，干净敞亮，市井味不浓，江湖气倒是浓郁，档口像是武林大会的擂台，派系传承清晰明了。新疆的回民师傅都隐约有西域刀客的风采，伊宁的也不例外。

　　伊宁是座自得其乐的小城，夏天到晚上十一点半左右才会真正天黑，时日因此格外悠长。散漫的生活姿态，很契合小满——小得圆满之意，而早上加衣，中午脱衣，晚上复添衣到忙乱，也很符合小满的淘气。

《月令七十二候集解》载："小满，四月中。物至于此小得盈满。"二十四节气中，有些节气是表征气候的，有些是表征物候的。小满属于表征物候的。三候为"一候苦菜秀，二候靡草死，三候麦秋至"。

苦菜和薇是古人最早食用的野菜，在《诗经》里频繁出现。"采苦采苦，首阳之下"是《诗经·采苓》里的句子，据说不食周粟的伯夷和叔齐就是靠采苦菜果腹的。欣赏不来伯夷和叔齐气节的我，对苦菜没什么印象。倒是二十岁之后去了云南，偶然试过，从此爱上了喝苦菜汤，苦菜用水煮了，清甜碧绿，佐以小米辣蘸水，有萧然物外、清贞自守的味道。

少喜酸甜，中年嗜辣，苦是穿插在而立之年体会到的滋味，层层叠叠，尽处有甘。

靡草是指喜阴不耐热的细草在烈日的暴晒之下死去。夏至之后，会有其他草生长出来，做个交班。"麦秋"一词我是看白居易的诗留下印象的："洛下麦秋月，江南梅雨天。"看了《夜航船》才弄明白，古人以百谷初生为春，熟为秋，麦以孟夏为秋。

对人而言小满是夏，对麦而言小满是秋，所谓"麦秋"，是指麦子到了成熟可收割的时候，还有一批麦子是在芒种时成熟的。我这个植物盲只能解释到这里了。

小满，粗略来说有两层含义，既可指大麦等夏熟作物，冬小麦等谷物变得饱满，亦可指雨水丰沛，江湖河满，这一点在南方呈现得尤为明显，江河湖海，水势浩大，不是小满，而是大满。

我对季节无偏好，对雨雪有爱憎，实是自幼被江南雨季虐狠了。纵然心悦画船听雨眠这种意境，也难喜欢无休止的雨，偏偏江南来劲时能从农历四月下雨下到六月初，下得人都要长霉，情怀荡然无存。

正经按照农侯风调雨顺的标准，立夏、小满这两个节气最好都是有雨的。天不下雨要求雨，田里没水要抢水、蓄水，否则作物得不到滋养，到芒种时收麦、种稻都成问题，然而又架不住豪雨连旬，更害怕干热风。农民看天的脸色，战战兢兢地辛苦劳作，绝不止于诗人淡淡一句："乡村四月闲人少，才了蚕桑又插田。"

《清嘉录》载小满时节，江南有动三车的习俗，三车是水车、油车、丝车。田间抢水灌溉、榨菜籽油、祭蚕神等土俗，我隐约还是有印象的。

小时候，外公带我到乡下赶集做客，听他们聊天，见识过夏收的劳碌后，时至今日，我依然觉得"锄禾日当午，汗滴禾下土。谁知盘中餐，粒粒皆辛苦"是最真实的，其他的田园诗或多或少难免有造作的成分。

伊犁河谷

印象中，南方的小满约等于小忙，而伊犁河谷此时却是一派天高云淡，人畜皆闲。那拉提草原和喀拉峻草原都是新疆最好的草原，虽未到五花绽放的时候，已经足够丰润，细密低缓的草甸，宛转流动的沟壑，在光影中显得妖娆，雨幕中的草甸青翠耀目，比花还要耐看。

这里的草原有丝绒般的质感，如波浪一般起伏的曲线。内地的草地只是温柔羞怯的绿，是所谓"草色遥看近却无"，这里的草却像战士一样翻山越岭，无所畏惧。

山野丰满空旷，寂静温柔。闻着雨后空气里清冽的草香，想起这里是古乌孙国的领地，解忧公主生活过的地方——也想起她的前辈江都公主。同为刘姓宗女，从长安远嫁至此，被丝绸之路缠绕一生的王族少女，她二人一个如鱼得水，一个郁郁而终。

"吾家嫁我兮天一方，远托异国兮乌孙王。穹庐为室兮旃为墙，以肉为食兮酪为浆。居常土思兮心内伤，愿为黄鹄兮还故乡。"这是江都公主所作的思乡歌，算是边塞诗的启蒙之作。当中充满了思乡的悲戚、和亲的无奈，以及对西域生活习惯的不适应。

乌孙古道上金乌西坠，溪涧流光，我骑在马上追赶着夜色，心里悠悠响起一支曲子："一帆风雨路三千，把骨肉家园齐来抛闪。恐哭损残年，告爹娘：休把儿悬念。自古穷通皆有定，离合岂无缘！从今分两地，各自保平安。奴去也，莫牵连。"

这是属于探春的命曲《分骨肉》，当年未谙《红楼梦》，想不明白为何远嫁的是探春，后来联想起解忧公主的经历，可能先被认作宗室之女，再被封为公主和亲，嫁往边陲，习惯上会有这样一番暗箱操作，因夫婿是王，亦能被称为王妃。

没有证据说解忧公主原本不是宗女，只不过可以揣测她代嫁的心情，很近于贾探春，探春是《红楼梦》里我最喜欢的妹子。为人精明豁达，志存高远，性格活泼干练，按照曹公的隐笔，她远嫁之后，在夫家颇受尊重，婚姻状态还不错。

解忧公主亦如此。看她的经历，我基本可以续上探春代嫁的内情和远嫁之后的所有情节。解忧公主后来被尊为乌孙国母，名动西域三十六国，还将自己的侍女冯嫽培养成了中国历史上第一位女外交家，堪称和亲公主的成功典范。

原本这段婚姻不被看好，和亲又是续弦，嫁的还是跟汉朝关系时好时坏的乌孙。乌孙国的老昆莫（国主）猎骄靡是个不好相与的主，当年博望侯张骞亲自出马都没彻底搞定他。在解忧公主之前，有个奉旨和亲、刚嫁过来五年就game over的江都公主——刘细君。山长水远，说不清是水土不服还是为人所害，想想就前途叵测。

不问可知的是，接到再和亲的旨意，未央宫中稍微有点话语权的公主、长安城中适龄待嫁的贵女们肯定会想尽办法逃避遴选，这差事最终落到了楚王刘戊的孙女刘XX（解忧公主）身上。

在汉初的政治角力中，楚王一系有没有像贾家一样显出明显的颓势我不清楚。不过解忧公主在家中应该是类似探春的地位和性情，接旨之后，没有呼天抢地，悲痛欲绝。反而开始积极准备，首先锻炼身体，学习骑射和语言，掌握必备技能，其次着手了解乌孙国情，风土人情，改变饮食习惯，嫁过去之后，积极主动融入当地，改换服装，身穿貂裘，肩披狼尾，和乌孙王一起巡视部落，称得上英姿勃发，女中豪杰。

抛开民族之间的文化差异不谈，游牧民族的人大多喜欢活泼、豪爽、直率、诚信的人，不喜欢虚头巴脑、扭扭捏捏。解忧公主的性格和做事风格，合了乌孙人的脾性。

以汉文明的积淀熏陶，影响乌孙人的观念，合理促进部落发展，解忧公主做事，一如探春从小处入手，兴利除弊，改革大观园。从她后来深得乌孙人爱戴看，她恩威并用，将各种关系处理得游刃有余。

后来，匈奴人吞并车师，挥军直入乌孙腹地，逼乌孙与汉朝断交。大敌当前，是解忧公主说服了乌孙王和国内大臣，共御匈奴，同时上书汉朝，请求支援。因为武帝驾崩、皇位更迭等诸多缘故，很长的一段时间里，汉朝的援军并没有及时赶到。

故国路远，内外交困，解忧公主的压力可想而知，但她始终没有放弃，在此过程中，她经受了多少煎熬和质疑，不问可知……

幸好，汉宣帝即位之后，深知局势严峻刻不容缓，立刻发兵合击匈奴，解了乌孙之困。经此一役之后，汉与乌孙结盟更深。乌孙国在西域诸国中威望大增，相应地，解忧公主威望愈隆，被尊为乌孙国母的她，教育子女亦很成功。

我仿佛在解忧公主身上看完了曹公没写完的探春的一

生。有些人在命运手中领到的是边角余料，却凭勇气、智慧、毅力做出了令人叹服的飨宴。

世事无可为，亦无不可为。同样的路，不同性格的人以不同的心态走，会看见不一样的风景。倘若将和亲看作是婚姻的不得自主，所托非人，那显然是痛苦的，倘若想的是以身许国，那么天高地阔，可做的事、可尽的力，就多了许多。

幸与不幸，往往是一念之差、念念相续的结果。

芒种：一把青秧趁手青，轻烟漠漠雨冥冥。

接着说芒种。芒种是二十四节气中的第九个，夏天的第三个节气。是个顾名思义、从谐音就特别好理解的节气。芒种等于忙着耕种，何解呢？且容我搬出《周礼·地官》和《月令七十二侯集解》来掉一下书袋。《周礼》载："泽草所生，种之芒种。"意思是，凡水田处，就可以种下有芒的谷物（麦、稻）。

《月令》则说得更细致："五月节，谓有芒之种谷可稼种矣。"种之曰稼（耕种），敛之曰穑（收获），芒种是既"稼"又"穑"的时节。

此时春种的作物要继续打理，夏熟作物要收割，夏播秋收作物要播种，忙乱的感觉约等于家里有三个熊孩子，一个没断奶，一个忙高考，一个叛逆期。作为家长的农人片刻无歇，忙得脚打后脑勺。

一棵禾苗，从分蘖、打苞、扬花到渐渐饱满、成熟，少不得农人的精心侍弄。"如芒在背"这个词是很形象的。农人在田间劳作，麦芒挠在被烈日炙烤过度的身上，又痒又疼，除了身体上难以形容的难受，就是心中争分夺秒的煎熬。"夏收要紧，秋收要稳""小满赶天，芒种赶刻"，这些俗语都是体现三夏大忙高强度的劳作。

　　单以收麦而论，就有五忙（一割、二拉、三打、四晒、五藏），三怕（雹砸、雨淋、大风刮）。当中稍有差池，就会导致收成锐减。即使天气不佳，还是要与天争时，将旱地耕过，改作水田，抢着插秧，一时不慎便会影响秋天的收成。

　　"田家少闲月，五月人倍忙。夜来南风起，小麦覆陇黄。妇姑荷箪食，童稚携壶浆。相随饷田去，丁壮在南岗。"芒种时节的乡野，除了野无闲田、家无闲人之外，还会出现一批特殊的人，他们就是旧社会俗称的麦客。

　　听起来像刀客一样威风的麦客，其实是一些为生活所迫出卖劳力贴补家用的人。他们从北到南，由南返北，跋涉在路上。他们步履不停，四处给人打着短工，俗称赶麦场。一把称手的镰刀、一个干粮袋、草帽、薄被褥、换洗的衣裳，就是麦客赶场时的全部家当。他们看似像鸟儿一样自由，却和植物一样被深深困缚在大地上。

　　古代节气养生强调，春日修"生"，夏日修"养"。然而"修养"是和农人麦客无关的，他们只有辛苦，纵然辛苦，仍要充满干劲地启程，遵从季节的规律，驯服地、寂寞地穿梭在田垄间，低回在大地上。

"一把青秧趁手青，轻烟漠漠雨冥冥。"外公教我读诗之余，会跟我说起他记忆中的乡野，说农人麦客的辛劳和传奇。那是一群被机器取代、被时代遗忘的人，那些都是离我很遥远的事。可我因为外公的缘故，不能忘却他们。

直至忙完了芒种，夏收作物归仓，农人才可稍松一口气，黄灿灿的谷物犹如梅雨里最明媚的阳光，最安心的慰藉。

有句俗语叫"芒种后见面"，本意是指芒种之后，收了麦子，打了麦子，可以吃上面了。在我的潜意识里永远是忙得顾不上见面，只有芒种之后才能见上，似乎也说得通。

芒种前的碾转原是中原百姓在青黄不接时研究出的季节食物，如今变得和芒种后的面一样都是好的风物。蒸好之后，配上小葱、猪油、辣椒就很有味，新麦的香气和新面的劲道是别的时节无法比拟的。尤其是新疆的麦子做出来的面食，有着粗犷的缠绵、温柔的放浪，可以吃出传奇的味道。

饮食最难由奢入俭，当你体会过应时应季的纯真之味后，其他时候只能咬牙将就。

芒种是作物丰收播种的大忙时节，奇怪的是，物候却选取了一虫二鸟，连一棵植物都没有，五月明明是榴花照眼明的时节。

榴花开时欲燃，谢如重锦，怎么可以不提呢！我必须提一下。

芒种三候是：一候螳螂生。螳螂善斗，其英勇在成语里屡被嫌弃，有不自量力之嫌。实际上却是益虫。仲夏时节蚊虫多的时候，螳螂卖力捕虫，像个义工。还有清初山东的武学奇才王郎（化名）观其动静创螳螂拳，传之后世，成为中华象形拳的著名流派，不该少算了螳螂的贡献。

二候鵙始鸣。鵙是伯劳鸟，"劳燕分飞"中的劳。伯劳和杜鹃、精卫一样都是自带悲剧色彩的鸟，传说是人的精魂所化。西周时贤臣尹吉甫误信人言，处死了自己的儿子伯奇，事后他悲伤不已。后来他发现有一只鸟始终跟着他，他对那只鸟说："伯奇，劳乎？是吾子，栖吾舆；非吾子，飞勿居。"他说，你是伯奇吗？是的话，就栖息在我的车舆上；不是的话，就不要飞向我家。那只鸟听完，就跟着他回家了。

我每每想起这个故事，就想起中式传统的家庭关系中，那些习惯采取高压姿态的父母，与亲人关系是一条暗河，那些不以为意又难以弥合的伤害，需要用尽全力、余生的幸运去泅渡，那些赐予了孩子生命，又克制不住情绪伤害孩子的父母，应该引以为戒。

在中式的语境中，还有一个伤心的词："劳燕分飞。"劳燕分飞是缘尽，东飞的伯劳和西飞的燕子，分开并非是因为感情不好，而是习性差异。伯劳是留鸟，燕子是候鸟。就好像人与人之间，不是你不好，也非我不好，只是太多因素掺杂，不得不放手，成全，成为彼此的过客。

红尘错乱，颠倒流离。爱别离，求不得之苦，始终存在。

三候反舌无声。反舌鸟又叫百舌鸟、知更鸟，是一种警觉善鸣的歌鸟。五月时，反舌鸟叫声渐稀。古人喜爱它的叫声，认为它很懂分寸，懂得过时不语，引申来看，就是不必揪着过去的事不放，要学会知而不言，言而有度。反之，如果反舌鸟不停鸣叫，并不证明它饶舌，只证明有奸佞在侧。这是杜甫写在诗里表扬的，虽然这种比兴毫无科学依据可言。

仲夏五月素有"毒月"之称（五月说：我冤枉）。梅雨时节，湿气弥漫，加上劳作繁重，人易疲劳，易生疾病。再古老一些的时候，生活艰难，有不人道的陋习，认为五月或端午出生的孩子，命不好，不容易养活，所以有时会丢弃婴孩。

我想说，赶着五月出生难道不代表阳气旺、命格强么！有时候很奇怪古人的脑回路。

五月时，百花凋残，百病丛生，要请天师符镇宅，挂钟馗像驱鬼，悬菖蒲剑祛祟，还要采草药，服避瘟丹，系五色丝线称之为长命缕。五月的第一个午日就是端午，又称端阳节。五月的"五毒"是蛇、壁虎、蜈蚣、蝎子、蟾蜍。所以端午这天可以石榴、葵花、菖蒲、艾叶、黄栀花等五瑞插在瓶中，以辟除不详。

端午源自古百越之地的龙图腾祭祀，划龙舟是祭祀龙族，百姓对屈原的祭祀活动使得此俗更广，敲锣打鼓赛龙舟是为了提醒那些惊扰屈原的水族，屈大夫是有龙王（百姓）罩着的，识相勿扰。

传说屈原托梦给百姓，苦哈哈地说，父老乡亲啊！你们给在下的祭品都被虾兵蟹将抢了，我没得吃。百姓说，那怎么办？屈原指点百姓将祭品用箬叶和五色丝线包好，如此这般，水族才会将角黍错认为菱角，不来抢食。角黍原是夏至日的祭品，用黍米包成牛角状，作为牛的替代品，因端午节而发扬光大。

还有著名的雄黄酒事故，白娘子现原形吓死了许仙，拆散了一对勤劳创业、悬壶济世的模范夫妻，导致新兴药企保安堂没能如期发展成百年老店，以及西湖边多了一座雷峰塔……

这些传说乍听精彩，细思皆一言难尽。

屈原是第一个在诗文中写到西域昆仑山的人，我敬服他的想象力和才华，却欣赏不来他的死脑筋，以及素来痛恨许仙这凡夫耳根子忒软，不适合白娘子，早散早好。所以至端午不但不悲，还蛮雀跃。

此时可以光明正大地玩水，看龙舟竞渡，吃到咸甜口味、馅料丰富的粽子。用喜欢的中药艾草煮水洗澡，身上有馥郁药香味。用雄黄粉画老虎，编五色丝线长命缕，选喜欢的布做香囊，做这些事时，心里是欢喜的。

再说一个喜欢的事，送花神，这是幼时读《红楼梦》心向往之的习俗。曹公写到，这天大观园里的姑娘们会早早起身，拿出准备好给花神践行的各种礼物，祭奠花神。

> 那些女孩子们，或用花瓣柳枝编成轿马的，或用绫锦纱罗叠成干旄旌幢的，都用彩线系了。每一棵树上，每一枝花上，都系了这些物事。满园里绣带飘飘，花枝招展，更兼这些人打扮得桃羞杏让，燕妒莺惭，一时也道不尽。

除了花柳编制的轿马，还有绫罗所制的"干旄旌幢"（给花神铺陈排场的旌旗伞盾）等，隆重而别致。

芒种送花神，是与二月初二花朝会迎花神对应的，一迎一送都要欢欢喜喜，临了还要说一声欢迎再来。这是对春的谢意和眷恋，是落花流水春去也，阴阴夏木啭黄鹂。

曹公在书中特地点到"尚古风俗"四个字，可知送花神之俗久远。普通百姓有空便结伴去花神庙拜拜，似贾府这种簪缨世族的闺秀们却要当作闺阁大事来操办，风雅每从闲适生。

安利了饯别花神的古俗，捎带手，曹公还解了我一个长久以来的惑。"芒种一过，便是夏日了。"这个"便"我当成"就"字理解，证明了立夏夏味不浓春意浓，不是我的错觉。真正的夏日要从芒种、端午之后算起才精准。过了端午换夏装，入伏才用冰，都是有讲究的。

除却送花神曾引得我心向往之跃跃欲试，在花盆里系了几根生日蛋糕上的丝带之外，芒种给我的印象最深的，还是雨，想起来就愁人的黄梅雨啊。

秋风秋雨不愁人，黄梅雨才愁人。

麦熟，梅黄，雨落，江南黄梅雨的历史一点都不比黄酒短，是中华老字号，大约在东汉《四民月令》里就有专属称谓了。这种雨沾衣落物生霉，又称霉雨，难搞得很，至小暑出梅之日，江南人家，户户洗晒，那景象，壮观得很，非常具有地方特色。

江南天气像极了怨妇，极擅演苦情戏，一旦开启了哭泣模式，就喋喋不休，没完没了，吓得人本来的一点卧看芭蕉听雨眠的风雅情思全没了，只剩下期盼雨停的微小愿望。

农历三月有桃花汛，迎梅雨，附赠黄梅寒，农历五月有送梅雨，附送黄梅闷加黄梅寒，日子过得水深火热，一朝盼到云消雨霁，便直入盛夏了。好嘛！炫酷高温紧随其后闪亮登场。

时至今日，但凡有人跟我说江南好，我都毫不犹豫地呵呵，奉劝他在江南住过了春夏秋冬，尤其是挨过了梅雨季再来跟我探讨爱不爱、能爱多久的话。

再深的爱也架不住折腾啊！

这就是我成年之后坚决逃到干热的北方去的原因，后来尝到甜头，更喜欢在西北度夏的原因。凉爽有风，不黏腻的夏天，才是相爱的正确的打开方式啊！

这些年来，乌鲁木齐在我的印象中一直是一个温暖的驿站，可以抚慰旅行的疲惫。走得再远，只要想到回乌市休整，都会莫名心安。乌市的大巴扎，是我第一个嗨逛的新疆集市，记忆犹新的是干果摊的维吾尔族大叔，用他蒲扇般的大手，抓了好大一捧干果送给我，令我受宠若惊。

那年在乌市过端午，环顾四周，大家都不会包粽子，商量了一下，索性将包粽子变成了做抓饭，算是入乡随俗了。至于雄黄酒，用格瓦斯代替，更好喝。

跟朋友学会了做好吃的抓饭，选新鲜肥嫩的小羊羔肉冲尽血水，加盐入锅略煸，盛出，胡萝卜、洋葱切大块，用羊油炒，盛出待用，东北五常大米淘洗，加羊肉上锅，蒸十五分钟后，整个翻面，加入胡萝卜、葡萄干、杏干，再焖十五分钟左右即可。

出锅后，自盛一大碗。何以解忧，唯有抓饭。屈原来要，看剩多少。

夏至：
昼晷已云极，宵漏自此长。

夏至那天我妈给我打来电话，问我到哪里了，我说我在去火焰山的路上，我妈兴奋地说，火焰山！吐鲁番！葡萄！给我递一箱回来！我说好的，走之前我会把葡萄、香梨、哈密瓜、大枣、苹果给你买齐了。我妈欢快地说，那你记得吃面啊！我说，妈，我在新疆天天吃面……我妈说，今天不一样，今天的面是夏至面，俗话说，吃了夏至面，一天短一线。我说好吧！心说，到了冬至你会跟我说，吃了冬至饭，一天长一线。彼时我正热得跟狗一样，瘫在车上狂喝水，把面不面的事忘到了九霄云外。

现在回想起来，我前半生经历的最热的天，是在吐鲁番。那时我从喀什赶回乌市，路过吐鲁番时刚好赶上那个夏季最热的几天，在吐鲁番历史上都算屈指可数的高温天。

差点儿就地阵亡。

一天喝了八瓶水，却只去了两次厕所。那些水像根本没有流经我的身体似地凭空消失了，连擦汗的机会都没有，热得食欲全消。

事后朋友问我怎么想起来最热的时候去吐鲁番，我蔫头耷脑地承认脑抽了，路过传说中的火州，想顺带挑战一下自己的极限。

那个夏至于是成为我记忆中最火辣的夏至。吐鲁番的热确实达到了夏至的"至"的本意了。

夏至是二十四节气中最早确立的节气。先秦人以土圭测日影，得出春分、秋分、夏至、冬至。夏至的来临意味着一年过半。此日日行至北，日影最短，白昼最长，单从现象上来说也是值得标注的重要节气。

"日北至，日长之至，日影短至，故曰夏至。至者，极也。"夏至之名由此三至而来。古人认为天地阴阳，以均合为正，当阳气已至极盛，阴气由此萌生。阳至极，阴始生，是为"亢龙有悔"之相。

"昼晷已云极，宵漏自此长。"过了夏至，白昼日渐变短，到冬至短到极致。过了冬至，白昼渐渐变长，昼夜的轮转，季节的回旋，翩然有信。

夏至虽被称为夏节，但夏至的庆典很少，唯有辽代以"夏至日谓之'朝节'，妇人进彩扇，以粉脂囊相赠遗"。夏至最重要的活动是祭祀和祈雨。夏之大祭可消饥荒、疫病。

在古代的祭祀中，冬至祭天、夏至祭地的规格最高。"以冬日至，致天神人鬼。以夏日至，致地方物魅。冬至日，祭天于圜丘。夏至日，祭地于方丘。"

祭天地都有固定的仪式和地点，祈雨呢，就比较因地制宜了。为天难做四月天，蚕要饱暖麦宜寒，同样的，五月天也难做，南要少雨北要多。

古人认为司雨有雨师，还有龙王，龙王还要分兵行云布雨，农历四月的雨被称为小分龙，五月夏至之后的雨被称为分龙雨，特点是雨量不均，俗话说"夏雨隔田晴"，刘禹锡《竹枝词》中"东边日出西边雨，道是无晴却有晴"的情况在广大的南方并不少见。

此时南北气候不同，南方多雨，祈求雨适时而停，北方易旱，祈求雨适时降临。古人很英明地了解到区域自治的道理，历法虽同，气候有别，因地制宜就好。民俗里"扫晴娘"的出现，有时是求雨，有时是求雨止，这个习俗传到日本，变成了晴天娃娃。

从周朝起，历朝皇家皆有冬季藏冰、夏季食冰的习俗。故宫的网红打卡点冰窖，就是原来皇室藏冰消夏之地。夏至日宫内取冰为用，多余的冰赐予近臣，以为荣宠。

白居易得到赐冰感恩戴德，特地写了表文表态要好好工作，据说他的崇拜者也会花高价买冰送给他。潦倒如杜甫，夏日发着烧，想要冰来消暑，就只能写信求朋友周济一二。

清代京师自暑伏日起，各衙门例有赐冰，由工部发给冰票，朝廷发是发了，但这补贴未必人人皆可拿到。官场流行的"冰敬"就是以此名目形成的贿赂，冬日的"炭敬"同理。

夏至一到，代表盛夏真正来临。唐代夏至这天，官员放假，皇帝颁冰赐酒作为劳保，由此衍生出采冰为业的"冰户"向皇家进贡冰块，陕西蓝田出冰的品质最好，成为贡冰，此地的冰户多为世袭。

唐代贮冰的冰井深达八丈，我在吐鲁番坎儿井的时候，一走到地下去，凉气逼人，与地上的气温有天壤之别，那水特别适合用来沉瓜浮李，想到若有冰井，清凉应有过之。

与宋之后的随用随取不同，冰在唐末以前的夏日为高端限量奢侈品。皇室首先取用，其次才轮到近臣、富贾，因有利可图，市井中不乏藏冰、售冰而获利之人，"长安冰雪，至夏月，则价等金璧"。售冰在当时算垄断暴利行业。

《开元天宝遗事》以雕冰为山作为杨家骄奢的证据："杨氏子弟，每至伏中，取大冰，使匠琢为山，周围于席间。座客虽酒酣，而各有寒色，亦有挟纩者。其骄贵如此也。"

宋时夏至假延长至三天，百官消夏自娱，类似现在的高温假，还蛮人性化的。宋之后，高温假又变成只有一天了。不管高温假是三天还是一天，古人可以消闲避暑的方式无非是找个凉爽的地方乘凉赏荷，躲在书房里看书品茗，开宴听曲，吟诗作对，吃冷饮、凉面、水果，仅此而已。无论俗雅都需要有一定的时间和经济基础。

细思起来，怨不得古人喜春苦夏，在诗词中频频赞美春天，春日和暖，夏日炎炎，更兼劳作多、闲时少，确实更容易生病。

夏至的三候是"一候鹿角解，二候蜩始鸣，三候半夏生。"一候鹿角解，我茫然了很久，直到在天山看到了马鹿，问了鹿场的人才略有所知，古人认为麋角和鹿角有阴阳之分是错的，夏至一到，阴气萌生，鹿感受到阴气后，鹿角脱落，也不对。夏天仅仅是梅花鹿或马鹿雄鹿的鹿茸开始骨质化为鹿角的时候，到冬天才会脱落。

麋角和鹿角都是到了冬天才脱离。

蜩，就是夏蝉，俗称知了。蝉的幼虫在土中可以存活很久，一旦蜕壳成功，飞身上树长出翅膀，寿命便急剧缩短。获取光明自由之时，便是寿数将尽之时，有点悲凉，但蝉依旧活得热切，向死而生，蝉的一生是庄严无悔的一生。

高亢的蝉鸣是夏天独有的声息，代表着长夏的来临，与蟋蟀的鸣声给人带来秋意一样鲜明。夏蝉数量庞大，很活跃，可食用可入药，最大的问题就是精力旺盛太聒噪。为此清宫特地配备了粘杆处，对付这些噪音源，保障皇宫的安静。然而不必、也不可捉尽，一点蝉鸣、蛙叫都没有的话，夏天就显得枯长乏味了。

蝉声初起时，半夏在水泽间悄然生长，半夏喜湿耐阴，在夏天过半时茁壮成长，故而得名。半夏是知名中药，也是很适合用在小说里的名字，一看便知是夏天出生。

"天之道，春暖以生，夏暑以养……异气而同功，皆天之所以成岁也。"夏至之后，暑气日重，湿热内蕴。此时的饮食以清淡为要，能增进食欲更好，饭菜汤面往往做得清淡爽口，冷热皆可。

除了面，我在新疆吃汤饭比较多，热汤饭吃完发汗是对身体有益的。

在我的印象中，消暑的最佳饮品有杏皮水、绿豆汤和酸梅汤，绿豆汤要加陈皮，酸梅汤要加桂花。至于瓜果，还是新疆的最好。

有首新疆民谣我打小听过一遍之后就背得滚瓜烂熟："吐鲁番的葡萄哈密的瓜，叶城的石榴人人夸。库尔勒的香梨甲天下，阿克苏的苹果顶呱呱。阿图什的无花果名声大，下野地的西瓜甜又沙。"除了这首民谣里说到的，和田的核桃、库车的小白杏、石河子的蟠桃、喀什的樱桃、若羌的红枣，都是我的水果单里首屈一指的美物，我愿为了它们风尘仆仆地奔波在天山南北。这就是我为什么死赖在新疆过夏天的原因喽。

我小时候真心以为吐鲁番满街都是葡萄园，到了实地才知道，那只是旅游宣传的效果。穿着民族服饰的女人不尽然是美若天仙的西域少女，更多的是腰肢粗壮嗓门大的新疆大妈……

　　当然笑容还是很美的。

小暑: 一卉能熏一室香，炎天犹觉玉肌凉。

驱车在塔里木沙漠公路上穿梭。烈日当空，恍惚间想起小暑的"暑"字来。头顶一个日，脚下还有一个日，人被炙烤着，只想找到一处阴凉之地躲起来。然而前路茫茫，我此刻所走的路一望无际，坦荡到令人绝望。不免又思索当年玄奘大师走到龟兹的情形——这条路要以何等毅力才能走完？

我跟朋友说，我觉得后羿射日这事只能发生在新疆，然后跑去昆仑山找西王母求药还方便。

朋友问我为什么不直接从巴州去库车，等秋天再自驾沙漠公路，沿途胡杨林美绝。其实我是想着走不到罗布泊的深处，起码也得穿个沙漠，体会一下"瀚海阑干百丈冰""穷荒绝漠鸟不飞"的意境。再说了，秋天的时候，看胡杨林的人乌泱乌泱，咱老新疆不凑这个热闹。

大道接天，路况贼拉好，车跑起来，平均时速一百多。承包沙漠的感觉很好，就是太热了！尤其是刚从清凉宜人的巴音郭楞过来，落差特别大，冰火两重天，感觉自己在修仙，随时可以飞升。

落差让人记忆深刻，我原先对小暑的物候没什么感觉。"一候温风至，二候蟋蟀居宇，三候鹰始鸷。"还是看元稹的诗记得的。

> 倏忽温风至，因循小暑来。
> 竹喧先觉雨，山暗已闻雷。
> 户牖深青霭，阶庭长绿苔。
> 鹰鹯新习学，蟋蟀莫相催。
>
> ——元稹《小暑六月节》

初读到元稹这首节气诗时，我很震惊，质疑是不是搞错了作者，确认是他写的之后，我继续怀疑，他是不是跟好基友白居易约好了开题，为了完成某种甜蜜的约定，才费劲巴拉地攒了二十四首。

诗情呆板，写"无我之境"不及王维，写闲适自得远逊于白居易。简直愧对他"曾经沧海难为水"的才情，堕落到乾隆御制诗的水平，相当令人扼腕。

因为这首太不像元稹写的，我由此记住了小暑三候，这三候的通俗解释是：第一个五天，明显能感觉到吹到身上的风温润了；第二个五天，蟋蟀转战到屋宇的阴凉角落，时不时开会，讨论六月之后迁居田野的计划；第三个五天，鹰也耐不住热，飞到高空避暑，顺便练习搏击了。

小暑的"一候温风至"，和立秋的"一候凉风至"，彼此是呼应的。到了沙漠才认识到，以前在内地——即使是号称火炉的南京，所感受到的热，谚语里说的"小暑大暑，上蒸下煮"都是小孩子过家家，不值一提啊不值一提。

塔克拉玛干沙漠的风不是风，是风干机。不是温风，是"热疯了"。也是在沙漠，见到巨大的鹰，身为天空的王者，它翱翔时的从容悠然与寻常鸟类明显不同，陡身而上、俯冲直下的坚定最是迷人。

《月令七十二候集解》载："暑，热也。就热之中，分为大小：月初为小，月中为大。今则热气犹小也。"二十四节气中，有许多节气是互相呼应的，小暑与大暑一样，都是反映夏季炎热程度的节令，同理，小寒、大寒是反映冬季寒冷程度的。不过如今气温反常是常态，小暑热过大暑、小寒冷过大寒的情况时有发生，古人的表述未必完全准确。

人在沙漠里极其渺小，身心的感知力被打开，一星绿意都令人欣喜若狂。流沙涌动，幻化形态，浩瀚到生出孤绝的美感，深邃到每一寸土地都蛰伏着秘密。

除却那一年的夕照孤烟，鎏金万里，给我留下海市蜃楼般极为玄奇的印象之外，小暑是夏季里我最盼望的节气，原因是从小暑开始出梅，漫长的黄梅天就此打住。出梅的心情堪比出狱，没有在江南长期生活过，被黄梅天狠虐过的人，大抵理解不了我这种雀跃和期盼。

安徽有黄梅戏，我小时候一直以为黄梅雨是在安徽下的雨，然后再逐步扩散到其他地区。现在想想，能被自己蠢哭……

关于黄梅雨，诗意的描述是"黄梅时节家家雨，青草池塘处处蛙"，想象中，于烟雨朦胧时，灯火微温处，等一个人，赴一个约，凭此一夕之暖，可慰半生漂泊。事实却是，不到傍晚就黑的天，淅淅沥沥没完没了的雨，无处不在的返潮，无孔不入的蚊虫——过完一个黄梅天，感觉自己斑驳了几年。该如何形容这种天气予人的摧残，落下的心理阴影呢？大约就是面对处于更年期的至亲，躲不开、甩不掉，只能默默承受，咬牙习惯的那种煎熬。

毕竟更年期和节气更迭一样，该来的总会来，想躲也躲不掉，只得坦然承受。

暑行大地，如虎出林，万物伺伏。古人以庚日计伏，夏至之后的第三个庚日起为入伏，庚日不固定，每年入伏的日子也不固定，一般而言初伏都在小暑前后。

小暑来临，恼人的黄梅季是告一段落了，之后就算有"倒黄梅"的情况发生，也无碍大局。

此时新鲜果蔬亦多，杨梅、桃子、桑葚、西瓜、蜜瓜、荔枝，不可胜数，是胃最满足、最令人觉得生活富足丰盈的时节。入伏后江苏有吃伏羊的习俗，但我不喜欢红烧羊肉的做法，觉得膻，爱上吃羊是到了新疆之后的事。

前有五月端午，后有七月七夕，夹在两个大节之间，农历六月显得没那么醒目，连《东京梦华录》这样巨细无遗的开封生活节日指南都直言："六月中别无时节。"不过孟元老又补充道："都人最重二伏，盖六月中别无时节，往往风亭水榭，峻宇高楼，雪槛冰盘，浮瓜沉李，流杯曲沼，苞鲊新荷，远迩笙歌，通夕而罢。"

宋人的日常休闲与今人大同小异，孟元老罗列了时人的三伏食俗。那一长串的点心单、果品单、冷饮单直接把我看成了巴甫洛夫的狗，想到《东京梦华录》吞一吞口水，再三跪服孟元老的记忆力。至于亡国之痛、黍离之悲，要掩卷之后很久才想得起来。

游泳、纳凉、吃水果、吃冰饮，都让人雀跃。夏天特有的热烈是别的季节无法给予的，生活中若无这些情趣，时日的流转亦只是空洞的哲思，无细节可凭恃。

孟元老说六月中并无时节，我不太信，经过扒拉，我发现北宋时期，小暑前后的农历六月六是个节日，只不过不太著名，没有形成风潮而已，这个节叫"天贶节"，贶是天赐之意，这是宋真宗赵恒为了挽尊特设的挽尊节。

以其作为而论，赵恒不失为有道明君，然而雍熙北伐实在是狠伤了他的自尊。他御驾亲征，本想着收复幽方十六州，一雪前耻，完成赵家夙愿。结果北伐失败，耻上加耻，与辽国签订了澶渊之盟。这盟约对两国百姓来说不是坏事，但赵恒觉得甚丢人啊！于是他思前想后，宣称自己分别于正月和六月得到了神人赐的天书，为此要去泰山封禅，借此安定民心，重拾威望。为了天书祥瑞，他整出个北宋感恩节——"天贶节"来，还在泰山岱庙修了天贶殿。

是日京师禁屠，皇帝还要亲率百官行香上清宫，煞有介事。

除了广建宫观，劳民伤财，以及掀起了大献祥瑞的不正之风，引起北宋士大夫集体吐槽之外，其余倒是无伤大雅。毕竟天贶之说古已有之，多个天贶节让百姓晒经晒书晒衣服，集体搞卫生，不是坏事。

民间将农历六月六称为洗晒节，《帝京岁时纪胜》载：此日"内府銮驾库、皇史宬（清皇家档案库）等处，晒晾銮舆仪仗及历朝御制诗文书集经史。士庶之家，衣冠带履亦出曝之。妇女多于是日沐发，谓沐之不腻不垢。至于骡马猫犬牲畜之属，亦沐于河。"

皇宫大内如何曝晒只能通过文字想象，另有讲究亦未可知。江南人家出梅后，家家翻箱倒柜的盛况，我是记忆犹新的，就真的……很新旧夹陈，红绿招展，充满世俗气息啊！

还有一缕幽香，深藏于记忆中，无法割舍。那就是小暑时节悠然绽放的茉莉花。说起来，茉莉也是沿着丝绸之路从印度、巴基斯坦传入的。

如果说，春天是蜡梅味的，冬天是水仙味的，秋天是桂花味的，那夏天一定是茉莉味的。比起街头提篮叫卖的栀子、珠兰，我更爱茉莉，其香不恶是关键。茉莉有恬静的气质、轻盈的体态，小小一盆开在窗前，夜风拂过，满室生香。从书页中抬起头来，那洁白的花颜是良夜的好伴。

"一卉能熏一室香，炎天犹觉玉肌凉。"——很多年后，坊间一度流行"岁月静好"的说法，我下意识想起的，便是夏夜清宵小书房，有茉莉为伴的日子，字里行间都渗出明亮的香气。

钟爱茉莉香的人很多，咏花的诗句也很多，最忘怀是宋人江奎那句："他年我若修花史，列为人间第一香。"茉莉能从初夏开到深秋，花期很长，不孤不傲不难伺候，且与桂花一样，可调和多种香气，有舍己从人、雅俗共赏的气度。

情味于人最浓处，梦魂犹觉鬓边香。香从清梦回时觉，花向美人头上开。作为西域外来户，茉莉在花榜上排名不高，不如土生土长之梅兰菊桂受追捧。好在茉莉亲民，意态天真如少女，谐音也好——莫离。这是年方少艾时会有的甜蜜心思，等到年岁见长，对离别倒是看开了。就算终有一散，只要不辜负相遇就好。

以花入茶、以花入撰是中国人的传统，身为一个看到茉莉花糕必买，看见茉莉炒蛋、茉莉花米线必点的人，我消受不了茉莉花茶，福建、广西的都不灵，五窨七窨九窨，绿茶白茶红茶做底，百试不爽，老北京追捧的茉莉高碎更是噩梦。

不跟喝高碎的人谈茶，这是我的隐秘原则，熏香会影响茶的本味，一旦花香过于狂浪，再稳的茶也镇不住，"怡红院"之感会扑面而来。

在我的执念中，茉莉还是舒卷天然、静静开在窗前比较好，如少女趴在窗口，眺望星河。熏风夏夜，蟋蟀的叫声在耳边鸣响，心里有蠢蠢欲动的念头在萌芽，然而，世界很大，梦想如雏鹰，还未张开双翼。

关于小暑，除却茉莉的馨香，记忆最深便是《水浒传》里的山歌："赤日炎炎似火烧，野田禾稻半枯焦。农夫心内如汤煮，公子王孙把扇摇。"

按书中所载，蔡太师是六月十五的生辰，杨志奉梁中书之命押送生辰纲上路，从大名府（北京）出发赶到东京（开封）送生日礼物，好不容易重新找到就业机会的杨志——杨提辖兢兢业业，唯恐出错。

杨志一路督促军士们紧赶慢赶，六月初四行至黄泥岗被劫，算着日子正是小暑前后发生的事故。这段故事在书中铺陈得巧妙，一再强调天热，唯有天热，吴用设下的计策才有用；白胜扮作的村汉才能卖酒给军士消暑，天热赶路，军士深感劳苦，杨志心急火大，不善处理人际关系，押送小分队内部的矛盾才大。

待白胜扮作的村汉唱着山歌担着两桶酒登场，一直心怀警惕的杨志果然不许军士买酒喝，而在一旁扮作贩枣商客的晁盖等人，先买了一桶喝了，以释其疑，又假作饶酒喝将蒙汗药掺在另一桶酒中。一番运作后，军士们早就看得眼馋心痒，杨志看一桶酒被晁盖等人喝了，架不住众人哀求，许了众人买酒，他本不吃，怎奈天气太热，终于还是没忍住……然后被药倒，失了生辰纲。大好青年杨志想走正途报效朝廷的心，从此被摁碎在地上，碎得稀巴烂，只能上二龙山落草为寇。

"智取生辰纲"不长，却是《水浒传》中承上启下的重要事件，出场人物众多，牵涉深广，施公细笔精摹，写得跌宕起伏，成为传世经典。这是我印象中智多星吴用真正有用的筹谋之一，干完这一票，才有晁盖带人上梁山的事。后来，他派刘唐给宋江送金银书信，被阎婆惜发现，才有宋江怒杀阎婆惜的一系列事。

世上的事环环相扣，免不了几家欢喜几家愁。小时候误以为，梁山好汉干的事都是对的，现在想想，里头多得是杀人越货打家劫舍的腌臜事，他们是中底层受害者，却也祸害了许多更底层的人。聚义堂前，那杆替天行道的大旗有时也立不稳、扛不动。

我还曾困惑白酒如何解暑？后来看书才知道，黄泥岗上放倒杨志等人的白酒不是蒸馏酒，更不是现代的高度白酒，只是度数很低的发酵酒，有点像江南的醪糟酒酿、西安的稠酒。称其为酒，是因为略有酒味而已。

《水浒传》里但凡闹事必定有酒，武松不用说，景阳冈上干了十八碗之后暴打老虎，当了都头，后来在快活林醉打蒋门神，逢店必进，干了三十碗；还有，鲁智深在酒楼喝酒时听闻卖唱女的遭遇，怒打了镇关西。

水浒好汉们喝的多是村酒或店家自酿的老酒，度数约等同于现代的普通啤酒，景阳冈的酒往高了说也不会超过10度，以好汉们喝酒用勺和敞口碗的习惯，极有可能喝一半洒一半，实际喝到的也没多少。

喝到度数稍微高一点的酒立马被放倒，这也是书里明写了的。宋江在浔阳楼喝酒之后题了反诗，醒来完全不记得，说明唐宋人的酒和酒量跟现代人不是一个概念，跟新疆的更不是一个概念。

与水浒好汉一样，新疆人喝酒也不兴用小杯，有轰饮酒垆、吸海垂虹的豪情。旁观新疆朋友拼酒，我总是瑟瑟发抖，心惊肉跳，怕喝出事来。他们却说，喝的酒不是酒，是口服液。酒嘛，水嘛，喝嘛！喝完了吐，吐嘛！

吐完了接着喝，可以喝吐，不能认输。这就是新疆人对喝酒的态度。

我觉得，若要干掉一个水浒好汉，基本上派一个新疆妹子拎一瓶夺命大乌苏就够了，完事估计还能剩半瓶。

　　顺便说一句，李白按照出生地来说，在唐代属于西域，所以，他的酒量去长安可以横扫千军。

楼兰龟兹

五月天山雪，无花只有寒。
笛中闻折柳，春色未曾看。
晓战随金鼓，宵眠抱玉鞍。
愿将腰下剑，直为斩楼兰。
　　　　　　——李白《塞下曲六首·其一》

　　这些年去新疆，是有意沿着玄奘大师的取经路线和边塞诗的诗意行走的。楼兰是玄奘大师归国途径之地，更是唐人边塞诗的重要地标，是西域三十六国中的重要古国。公元400年，玄奘大师的前辈，高僧法显到了楼兰，发现曾经辉煌五百年的楼兰，已是"上无飞鸟，下无走兽"的废城。

　　那年走沙漠公路时，去到沙漠深处的达里雅布依，那个沙漠深处小镇的安宁和孤寂震慑到了我，印象最深是无处不在的胡杨木，是村民用胡杨木和芦苇搭成的屋子，用红柳烤的肉和馕。我几乎以为他们就是楼兰人的后代，差点儿以为那里是楼兰。然而不是，楼兰终究是消失了。

楼兰是有着高洁名字的西域古国，出土过举世闻名的"小河公主"和"楼兰美女"的神秘地方。位于孔雀河边，曾经水草丰茂，听上去满是柔情，它在唐诗里的出现，却总和斩、破、取，以及挥之不去的烽烟有关。

唐人说的斩、破、取，都是以汉代唐的笔法，"楼兰"之名首次出现是在冒顿单于写给汉文帝的信里，当时属于匈奴。汉代经略西域，出了玉门关，首先遇见的拦路小国就是楼兰。楼兰和龟兹一样，都是在汉匈的夹缝之中生存的国家，阳奉阴违，两面讨好是常态。站在楼兰、龟兹两国的角度看是不得已而为之，而对汉朝来说就必须加以遏制。

继张骞再使西域之后，汉代外交家傅介子对大将军霍光提出了打击西域楼兰诸国，以削弱匈奴势力的建议。霍光认可，但觉得龟兹路远，可以先拿楼兰试手。

傅介子奉命出使，楼兰王安归果然心怀异志，不肯现身接见，傅介子以黄金重宝诱之，楼兰王没忍住诱惑出席了，傅介子在宴席上暗杀了楼兰王，随后宣布了楼兰王的罪状，将其头颅带回长安复命，以功受封为义阳侯。汉昭帝下令将楼兰王的首级高悬于长安城的北阙，作为对西域各国的震慑。

这段历史看得人一言难尽。楼兰固然有劫掠汉使、抢劫奉贡等罪行，但是在他国暗杀国王，另立新王，怎么也不能算正当的外交手法吧！不过呢，如果楼兰王跟高昌王鞠文泰一样死性不改，除了兵临城下，兵戎相见，好像也没有更好的方法，所以傅介子先斩后奏，擒贼先擒王的做法，也算是谋大事而不拘小节了。

傅介子处置楼兰王之后，继任的楼兰王尉屠耆清醒地意识到，在汉匈之间必须做出选择。于是他请求汉昭帝驻兵楼兰，汉昭帝应允。楼兰由此成为汉朝经略西域的重镇。这就是取楼兰、斩楼兰的典故。

傅介子的传奇一定程度上刺激了那些想要趁乱世建功立业的人，喜欢激扬文字的唐代诗人热衷于借助楼兰来宣扬大国自信，有种不服就打、打成共识的狂热。然而行非常事，除了谋略与底气，还需要运气的加持。当时稍有不慎，身首异处的就不是楼兰王而是傅介子了。后来东汉的西域长史王敬，欲效法傅介子杀于阗王以扬威，反被于阗人杀死。

龟兹差不多是一样的经历。为和匈奴争夺西域的控制权，除了王莽当政时胡搞一气之外，汉朝一直充当着国际警察的角色，同时着力扶持西域诸国中的亲汉势力，班超就曾废掉龟兹王尤利多，改立白霸为龟兹王。

摇摆在强者之间，转换着征服者和被征服者的角色，从汉至清，西域诸国的历史是真正的冰与火之歌，几乎每一处山河都亲历过兵戈，每一寸土地都浸染过烽火。流离在战乱中的人，生命像萤火一样幽微短暂。

"今且还龟兹，臂上悬角弓。"岑参诗中的龟兹，就是《汉书》里的龟兹，西域北道诸国之一。国都延城（今新疆库车附近），其国东通焉耆，西通姑墨，北通乌孙。东起轮台，西至巴楚（蘑菇真好吃），北靠天山，南临塔克拉玛干大沙漠，新疆的库车、拜城、新和、沙雅、轮台县一带，都曾是古龟兹国的领地，在西域诸国中一度最为强大。

龟兹是古印度、古希腊—古罗马、波斯、汉唐文明在世界上唯一交汇的地方。古龟兹物产丰富，有矿藏、精冶炼，地理位置得天独厚，向西南是阿克苏、喀什，向东过轮台，可至达焉耆、楼兰。由龟兹河逆流而上，可进天山中部的巴音布鲁克草原，继续前进，则是开阔的伊犁河谷。

汤因比在回答池田大作的提问"如果人有来世的话，您愿意出生在哪里"时说："我愿意出生在新疆那个多民族、多种文化交汇的库车地区（龟兹故地）。"

我来此是为参拜鸠摩罗什大师，他是龟兹贵族，中印混血。祖父是天竺国师达多。父名鸠摩炎，母名耆婆，是龟兹王妹。七岁随母亲出家，历经艰辛不改弘法之志，终成一代宗师。

　　据说拜城县的克孜尔千佛洞便是他动议修凿的。克孜尔千佛洞是我国开凿最早的石窟，其中心柱窟的形制对敦煌有很深的影响，克孜尔壁画也是一绝，创作年代比敦煌还早大约三百年。

　　克孜尔千佛洞人很少，观赏壁画的时间比敦煌更长、更自由，除了菱格壁画让人过目不忘之外，龟兹壁画以屈铁盘丝带线条与凹凸晕染法相结合而知名。屈铁盘丝据传是唐代与阎立本齐名的于阗画家尉迟乙僧特有的画法，尉迟乙僧传世画作不多，要体味屈铁盘丝的精妙，只能在龟兹壁画深处去寻。古龟兹壁画的凹凸法被称为天竺遗法，讲究的是"染不碍线，线不碍染"，龟兹壁画晕染层次丰富，色彩明朗，注重明暗对比，有时还采用凿刻加以晕染，意在将所绘之人物的风神细腻地表现出来。

　　龟兹壁画上的伎乐天人天衣飘举，顾盼有情，似要破壁而出，令人想起这佛国舞乐的昌盛。《大唐西域记》里记载：屈支（龟兹）"管弦伎乐特善诸国。"鸠摩罗什大师在其翻译的《妙法莲华经》中列了十种供养，第九种为伎乐，这是故国音乐对他潜移默化的影响。

大师在《法华经·方便品》中详细写道："若使人作乐，击鼓吹角贝，箫笛琴箜篌，琵琶铙铜钹，如是众妙音，尽持以供养。"

这些乐器在龟兹壁画中都有出现。以五弦琵琶、阮咸、箜篌、筚篥和羯鼓等最为知名，唐玄宗犹爱羯鼓，尝与诸王竞技，唐代改革宫廷乐舞时，也以龟兹乐为主导。

后续又去了森木塞姆石窟看壁画。看壁画是很耗神烧脑的，回到库车在老城里休整了几天才缓过来，慢悠悠地度过了夏天最后一个节气——大暑。

大暑：
无端隔水抛莲子，
笑隔荷花共人语。

"四月维夏，六月徂暑。"大暑按平均气温来算属于"三伏"里的"中伏"，是一年中最溽热的时候。几年晃下来，我对南疆的热已经可以兴高采烈地接受了，除了晒，其他倒还好，何况库车除了小白杏，馕是真好吃，又大又香又薄又脆，完全可以顶在头上当遮阳帽。

大暑的节气三候里令人印象深刻的是初候"腐草为萤"，夏夜群萤交飞是很美的。《礼记·月令》写道："季夏之月……腐草为萤。" 腐草为萤，又作腐草化萤，古人认为腐朽的野草，在夏季的最后一月会化作萤火虫。实际上萤卵产在水边腐烂的草根上，幼虫孵化后，靠食取腐殖物成长。大暑时，萤火虫孵化成成虫，给人的错觉是腐草化生成了萤火虫。

萤火虫别名丹鸟，又叫夜光、宵烛，都与它能自发光有关，很多人小时候都有夏夜捉萤火虫的经历，一闪一闪的确可爱，再加上囊萤映雪的典故，大人乐意帮着捉萤火虫，装在玻璃瓶里作勤奋向学的鼓励。

拿到手才知道那点微光是当不了烛光的，不知道古人怎么做到用萤火虫来当灯烛，也许是夏日无聊忽发奇想，偶尔为之吧。倒是萤火虫很可怜，被困住，白白死了。当时看到一瓶虫尸，触目惊心的感觉怎么也忘不掉，后来就再也不要了。

现在偶尔住到山里去，还能看见萤火虫，会很开心，但不会想捉，它们的安宁与欢乐都转瞬即逝，何必剥夺。只是对着许个愿，愿这些幼小的生命在短暂的一生中，能够自由、平安。愿它们感受到的只有生之轻盈愉悦。

古人对于生命延续转化的想象很令人叹服，除却腐草为萤，粪虫亦可化为秋蝉。清代的方志中还记载，每年春天，罗布泊中的鱼便上岸幻化成鹿，到了秋天又跃回湖里再成为大鱼。乍听之下荒诞不经，细思却有美好的祈盼和坚信，在流沙漫卷的荒芜中，蕴藏着涅槃重生的希望。

《菜根谭》中有一段话："粪虫至秽，变为蝉而饮露于秋风；腐草无光，化为萤而耀采于夏月。故知洁常自污出，明每从晦生也。"

明与晦、洁与污之间并非泾渭分明，这浅显而深刻的道理，却时常被人理所当然地遗忘。人很容易自命高洁，却很难终其一生洁身自好。

生命的贵重，原不在于长短，而是在于是否勇于付出、承担，以及是否坚持了责任和理想。

大暑二候"土润溽暑"，更接近于江南湿热的天气特点，"溽"是指土气蒸郁成湿，"暑"是热的意思。因为湿气行于空中，才有三候"大雨时行"，蒸腾的水汽降了下来，时有大雨，天气微凉。大暑之后会进入到节气意义上的秋天，气温不会马上下降，只是在风逐雨行中逐渐变得冷肃。

大暑所在的阴历六月又称荷月，六月二十四日是传说中荷花的生日。此月的江南，人们游湖荡舟，或采莲弄藕，或做荷灯碧玉盏，颇有些"无端隔水抛莲子，笑隔荷花共人语"的情致。

新疆原是没有荷花的，近来人工养殖了些，在温宿偶然看到，着实惊喜。荷花是很适合独赏的，和新疆遗世独立的气韵神合。

夕光打在粉苞上，如同绝色淡扫蛾眉，待到暮色四合，人潮渐散，倚在水边，依稀可以听到花开合的声音。心里有一点点惊动如花蕊轻颤，寂寞是花瓣，碧叶是承托寂寞的清宁。对着一枝荷，就是山河岁月，两两相忘。

荷花即使开得满满当当也让人心生清远之意，晓开时热闹，夜合时清冷，流露出身在尘俗，却不落尘俗的高洁，仿佛热闹是附会的，清冷也是错会的。

新疆，也给我这样的感觉。

我的旅行总是浅尝辄止，走马观花，充满了过客的饥渴和好奇。我曾为此而羞愧，慢慢地释然了，终身生活在这片土地上的人，也未必可以笃定地说，自己了解它。

谁是它的主人呢？是始终对西域念念不忘的汉唐帝王？是热衷于在此争斗的一世之雄？还是如今在此安居乐业的各族人民？都不是。我们都只是它的依附者。

这里仿佛是上苍借给众生的居所通道，表面红尘熙攘，你来我往，实则沉金冷玉，遗世独立。人们在它的表面游走，偶尔触及它的血骨，却无法撼动它内在的深沉广大。

比风光更动人的，是它的坚不可摧。

摇落故园秋

孤村落日残霞，轻烟老树寒鸦，一点飞鸿影下。青山绿水，白草红叶黄花。

——白朴《天净沙·秋》

立秋：乳鸦啼散玉屏空，一枕新凉一扇风。

那天重读了汉武帝的《秋风辞》，心有所感要写立秋。

和"大风起兮云飞扬"一样，刘彻写《秋风辞》第一句就是"秋风起兮白云飞"，意境与他的老祖宗刘邦一脉相承，我合理怀疑他是某天想起了《大风歌》才写了这首诗，比起刘邦不假雕饰的豪莽，刘彻的文思明显工整精巧许多。

周代立秋之日，"天子亲率三公、九卿、诸侯、大夫，迎秋于西郊，还返，赏军帅、武人于朝。"汉承其俗，爱折腾的刘彻在立秋前后一定是忙着郊祭秋猎的。

节气中的"四立"，立春、立夏、立秋、立冬，于朝廷而言是礼法大事，仿佛是纲纪的确立，秩序的重申。深合汉武帝心意的董仲舒说："天有四时，王有四政。"天意先德而后刑。春赏，夏庆，秋刑，冬罚与四时相应。故而应当春夏行赏，秋冬行刑。

《礼记·月令》言：孟秋之月"用始行戮"，掌管刑罚的司寇被称为秋官。民间亦有秋后算账、秋后问斩、沙场秋点兵等俗语或诗句，这样的刑罚习惯和认知，导致秋在古人的印象中始终带着肃杀之气，而现代人若非心情低落，对秋天的感觉是愉悦清爽大于难过的。

比起《礼记》和《四民月令》里干巴巴、凶巴巴的记载，我更喜欢《清嘉录》里关于立秋的描写："立秋前数日，罗云复叠，细雨帘织，金风欲来，炎景将褪。"文辞这般氤氲华美，顾禄是对生活有着细致观察、温柔感知的人呐！无怪乎周作人赞美说："《清嘉录》是顾氏一生最重大的业绩……我们对于岁时土俗感兴趣，就是为着平凡生活中的小小变化。"

宋代立秋之日，男女戴楸叶，以应时序。有以石楠红叶剪刻花瓣簪插鬓边，饮秋水食赤豆的风俗。明清承宋俗，于立秋日悬秤称人，与立夏日所称之数相比较，以验肥瘦。民国以降，在广大农村中，还有晒秋、摸秋、奠祖的风俗，如今已不多见。

长夏酷暑中，人多半不思饮食。从立秋开始，爱吃的国人便叫嚷着"贴秋膘"。其实仔细想来，一年四季，有哪个节气是中国人找不出理由来吃喝的？似乎没有。

立秋之后的茄子好吃，父亲会给我炸茄盒，还会用青菜炒豆渣，这些既算时令菜，亦算家常菜。此时西瓜格外好吃。我自己学着做一些清暑气、养脾胃的汤饮，如百合番薯糖水，是愉快的事。

虽然从立秋算起，到秋忙结束还要很长的时间，但农人已经开始预测收成。旧时的说法是："立秋日天气清明，万物不成。有小雨，吉；大雨，则伤五谷。"无论雨晴，都求一个恰到好处，具体到年景好坏，除了辛勤的劳作，还有赖其他节气的配合，二十四节气循环往复，从来都不是孤立的。

风调雨顺是民之大愿，纵使不理稼穑，不问收成。时好时坏，阴晴不定的日子，也会让人觉得不好过。

秋是揫，有聚集的意思。万物至此转为收敛。立秋的物候是"一候凉风至"，夜风开始变得凉爽。至于"二候白露降""三候寒蝉鸣"，感觉都言之过早。嫩凉初生，立秋并不代表秋天的气候即刻到来，立秋最早的黑龙江和新疆北部也要到八月中旬才正式入秋，南方就更遥遥无期了。

江南尤其能感受到秋老虎的威力，一般得熬过处暑，到白露、秋分时节才会真有风清露冷、寒蝉凄切的感觉。

民间土俗喜欢根据立秋日朝夜之冷暖推测后续气温："以立秋之朝夜占寒燠。"民谚云："朝立秋，凉飕飕；夜立秋，热到头。"还有一种说法是，以立秋日的早晚来预测冷热。不管早凉还是晚凉，立秋始终会带着长夏的暑气翩翩而至，热力四射，余威不减。

立秋是七月节，在这个节气前后，有古代最浪漫的女儿节"七夕节"，七夕，如同一场秋梦的开端。

　　汉武帝是爱做梦的人，大概是从他开始，有了将豹尾虎齿、蓬发戴胜的西王母变成华服美人、女仙之首的记载。汉武帝说自己七月七日在承平殿祭祀的时候，见到西王母下降，西王母送他蟠桃，许他长生，祝福他江山永固。

　　自命天子又得到神仙眷顾的汉武帝，从此以后信心倍增，开疆拓土一发不可收拾。他是一代雄主，然而自他为所欲为之后，就再也没有过和西王母相会的神迹。

　　神仙降福于世人，固然不会强求回报，但会希望人有节制，懂得感恩，知道惜福。

　　也是在汉代，有了七月七日向织女乞巧的节俗，织女星常被说成是王母的女儿，最不济也是王母手下掌管织造的女仙。汉乐府有"迢迢牵牛星，皎皎河汉女。……盈盈一水间，脉脉不得语"之句。人们夜观天象，发现她与牵牛星隔河相对，就将这两颗星想象成一对不能相守的痴儿女，以鹊桥为媒，一年始见一回。七夕夜，若见天空有奕奕白气或光耀五色，便是两星相会的征兆。

　　农历七月七日，女子忙着曝晒衣物，晚间设案拜星，供奉巧果（时鲜水果，以及各种手制的米果），祈求织女庇护自己心灵手巧。女人们会聚在一起，望月穿针比巧，将小蜘蛛（喜蛛）放入盒中，等待结网，次日验之，若是蛛网结得圆，谓之得巧。

七夕的诗作，当然以秦观的《鹊桥仙》最为有名。然而年纪越长，越觉得比起"金风玉露一相逢，便胜却人间无数"的激情，李商隐"争将世上无期别，换得年年一度来"更值得唏嘘思量。

有期待的相见，比相见无期要好。

两情相悦时，多数人都会盼着朝朝暮暮。连唐玄宗和杨贵妃都不能免俗，要在七月七日欢度佳节时，在长生殿中私下盟誓，生生世世结为夫妻。到后来马嵬死别，夜雨闻铃，自是另一重萧瑟心境了。

或许，不再奢求相聚，只求你还安好于人世。

"乳鸦啼散玉屏空，一枕新凉一扇风。睡起秋声无觅处，满街梧叶月明中。"梧叶是最能感知到秋气的树，摇落知秋，新凉明月栖枝寒鸦，都是属于秋天的韵致。

刘翰的《立秋》诗，会瞬间将人带回秋天的某个月夜，想起那些无法宣诸口的思念、无处投递的深情。

立秋：乳鸦啼散玉屏空，一枕新凉一扇风。　145

敦煌秋色

我会因为一个节气触发回忆，想起旅行中曾至某地某城。

立秋，让我想起敦煌。旧时秋日有染布的习俗，诗词中的捣衣，大都发生在秋夜。"长安一片月，万户捣衣声。秋风吹不尽，总是玉关情。"寒衣也许未至，但那些绵长的思念会随着秋风秋雨迢递出塞，敲打戍边人的心。古代这个时节的塞外，秋草渐黄，人们忙着打甸，为马牛羊准备过冬的草料。

一度非常爱读边塞诗，诗歌所承载的天地中，沙如雪，月似钩，生重于泰山，死轻如鸿毛。那里是男儿征战的沙场，建功立业的圣地，女子梦中的远方，情深的一往。城池间金戈铁马，天地间长风浩荡，思忆不绝。

心心念念，一直想去敦煌。有一年暑假定好去敦煌，父亲单位防汛，临时改了行程，当时心里很失望，父亲安慰我说，暑假人多，以后再带你去，然而寒假时莫高窟似乎是关了，后来，终究还是没有同去，如今想来还是伤心的。

长大之后，拿到第一笔稿费，陡然生出翻身农奴当家做主的豪气，翻出地图，二话不说买票去了敦煌。

行经在玉门关和阳关之间，尘沙飞扬处数千年光阴升腾闪现，关隘已非汉唐原址，却不妨碍人携一身春风柳色行来，将阳关千叠。

"驰命走驿，不绝于时月；商胡贩客，日款于塞下。"由汉至唐，这两处都是毋庸置疑的战略要塞，历代帝王的苦心经营却不及两位诗人的渲染来得广为人知："春风不度玉门关"和"西出阳关无故人"，几乎奠定了玉门关、阳关在国人心中大漠绝塞的印象。

如同咏寒山寺的诗难有超越张继《枫桥夜泊》的，咏阳关和玉门关的诗也同样被局限在王维和王之涣的诗境中，说实话，王维和王之涣的离情别绪皆有夸张之嫌，唐朝疆域最盛时远达葱岭，设立了安西和北庭都护府，将广袤的西域地区控在掌中，身为大唐子民，出了玉门关，仍不乏故人，况且往昔此地城池高峻，屋舍鲜丽，并非荒蛮之地。

"无数铃声遥过碛，应驮白练到安西。"说的正是当时的情形。彼时胡汉使节，商贾云集，驼铃绵延，交易不绝。敦煌是特区，是繁华的边贸城市，是塞外的金玉之乡，有绝色舞姬作胡旋之舞，春色亦有，只是少了青山绿水的铺陈，显得清浅些。

真正称得上"西出阳关无故人"的是玄奘大师，他是真地冒死潜入凉州，北行葫芦河绕道敦煌，昼伏夜行至玉门关，险些被射死在峰燧之下。如此凶险是因为他按正常手续没办下来通关文碟（出国护照），只能私自出京，私自出境。有冒越宪章之罪在先，即使后来玄奘法师名震天下，载誉归来，还是很识相地在玉门关外给唐太宗写了封情真意切的检讨书，得到允准之后才入关回国。偷偷摸摸地出去，光明正大地回来，玄奘大师是很清醒、很有政治敏锐度的。

凉州广义上是指河西四郡，"凉州词"是流行于这一地区的民歌曲子所配的唱词，在唐代甚为流行。王之涣诗中的春风，严格来说是指气象学中的夏季风，是来自太平洋的暖湿气流，吹拂过的地区降水量普遍增多，植物生长茂盛。气候学将我国境内受夏季风影响明显的地区称作季风区；受夏季风影响不明显的地区称作非季风区。大致是以大兴安岭——阴山——贺兰山——巴颜喀拉山——冈底斯山为界。根据这个界限划分，玉门关恰好处于非季风区内，因此春风才吹不到玉门关。

春风不度，自有秋风度。待到深秋时节，戈壁莽原上秋色深静如渊，红柳胡杨旖旎成林，孤城一片万仞山，被芦苇点缀围绕，美如净土，敦煌秋色并不比新疆秋色逊色。

如今想起敦煌来，记忆依然鲜明。抵达敦煌前，做了很多年的攻略，特地选了八月份瓜果扎堆上市的时节来。落地之后便寻到沙洲夜市，开始了美食征程。李广杏、香水梨、酒枣甜瓜、凉皮、烤串、焖饼、驴肉黄面换着搭配吃，杏皮水更是百喝不腻。

我在敦煌，每顿饭都吃得兴高采烈，美其名曰贴秋膘，肆无忌惮得很，在吃道上孜孜不倦探索多年，我有着把熟悉的饭店吃成食堂的特异功能，连着一个礼拜去夏家吃合汁，吃到老板对我另眼相看，除了给我留位，还热情洋溢指点我去吃最正宗的驴肉黄面，不是声名在外的顺张，是一家藏在小巷中、门脸不起眼的馆子，那味道好到一口下去，我立马拍着桌子高呼"老板加肉"。

还有榆钱、苜蓿、沙葱也好吃，西北的羊多是吃了沙葱肉质才香。张大千当年在敦煌临摹时，用苜蓿代替豌豆苗，炒以鸡片，稍解了四川人舌尖上的乡愁。

公平地说，如今的西北除了日晒跋扈、风沙峻烈、昼夜温差大之外，生活非但不寒苦，反而愉快到让人想高唱《感恩的心》！丝绸之路上美食汇集，如花照眼，摇曳生姿，既有山河之美，又有风物之盛，"可缓缓归矣"。

有一天晚上在夜市上撸串儿，老板切了一盘甜瓜送我，说是咬秋，我以为这是新品种的瓜！后来才听明白食瓜是立秋的食俗。作为吃瓜群众，我默默搓了一把脸，心说，咬春听说过，咬秋……恕在下孤陋寡闻。

后来看书，发现津门之地立秋确有咬秋的习俗，那盘甜瓜的出现，让孤身在外的我长了见识，更让我对敦煌人的热情大方念念不忘，从此以后养成每逢立秋必啃瓜的习惯。只可惜，除了在兰州和新疆哈密，很难再找回汁甜如蜜的滋味了。许是因为，没有那种来自陌生人的惊喜和温暖了。

烟雨黄山

雨在我醒来时停了，从窗口看出去，天空是滟媚的青色，极目处山影绰约，有新安山水画意。

新安画派常以黄山为题，山色苍润，烟水流云，令人见而忘俗。这些年算是见过些山水，平心而论，海拔高过黄山的比比皆是，风光能胜过它的几乎没有。

黄山的奇绝瑰秀超越了语言所能表达的美，穷尽我所能想到的诗句来形容都显得贫薄，涵盖不了身临其境时的惊喜。与敦煌给人稳定的流逝感不同，黄山的美是灵动莫测的，每个季节，每一次去感觉都不同。看到它，你只能臣服于造化的神奇，屏住呼吸，内心狂喊：原来还可以美成这样！

峰岩峭壁自是嵯峨，云海怪石奇松的加持，让它的美更加皎然出尘。如果尘世中真有仙山，那一定是黄山。依山而居的村落得其灵气庇护，显得静谧玄奥。

身为安徽人，难免被人问起安徽值得去旅行的地方，我会像外地人一样推荐黄山，显得很不内行，但我自己往来常住的就是黄山，也认为古徽州的造化所钟全在此地。

黄山因峰岩青黑、山色苍黛，先得名"黟山"，后因传说中的轩辕黄帝在此炼丹而被改称"黄山"。这样算起来，应该属于道家名山。还有个别名叫"天子都"，不知道是因为天都峰还是黄帝的缘故。

黄帝老来，派浮丘公寻访名山，浮丘公最终选中皖南的"黟山"，黄帝带着他和容成子来到黟山，垒石造屋，砌炼丹炉，遍履其山，采集草药，最后丹成飞升而去。撇开追求长生不老的念想不论，自古道医不分家，修道炼丹是古人追求长生的方式，医术的提升想必也惠及了当时部落的百姓。人们感其恩德，将此山更名为黄山，其山七十二峰就有以三位仙人命名的轩辕峰、浮丘峰、容成峰。桃花溪中还有炼丹时用过的丹井、药臼。国内名胜大抵如此，虽有附会之嫌，却很利于传播。

"四时皆可喜，最好新秋时。"准备写处暑时，正好有朋友邀约来黄山，便结伴而至。实则再过一段时间秋色更佳，届时会有晒秋。

记忆中的江南是满纸烟云的水墨画，是散文，只有秋季是色彩明快的油画，是交响乐。皖南农村晒秋的盛景和新疆晒秋一样是记忆中最鲜亮的画面，最念念不忘的习俗，江南晒场远不如新疆大，胜在品种和颜色比新疆更丰富，除了成筐的红辣椒、黄辣椒，鲜亮如灯笼的柿子，橙黄的玉米、南瓜、贡菊，还有黑芝麻和白鱼干，五色缤纷，令人欢悦。

　　因为中元节的缘故，决定提前回来。办完祭奠父亲的事，邀母亲来此小住。父亲过世之后，我与她相处日多。母亲对黄山有感情，她与父亲恋爱时常来"打卡"，黄山算是安徽人的恋爱圣地了。

　　这次来黄山，我们一起走街串巷吃可口的徽菜，她自去游赏，我在酒店里写文章写到挠头。

处暑：天上双星合，人间处暑秋。

处暑是个很难切入落笔的节气，资料大同小异，号称是"七月中，处，止也，暑气至此而止矣"。意思是出暑了，夏天的暑热到此为止了，然而江南最显著的气候表征却是秋老虎，发作起来叫人招架不住。有个节吧，还是俗称鬼节的中元节……实在不好强说热闹。

比起汉地日渐淡化的做道场、放河灯、烧纸钱等宗教民俗，青海湖的祭湖仪式神圣得让我印象深刻。

那一年在西宁，刚好赶上祭湖，这是除了展佛之外，最让我感觉"people mountain people sea"的盛大节日。夏日的青海湖边繁花似锦，云似哈达天似镜，青海湖波光粼粼，莹润如翠玉。空气中满是煨桑的香气，令人身心安宁。因节而聚的人喜气盈盈。

僧人们端坐湖畔诵经，各大寺的活佛领着众人绕桑台朝拜。是时法号长鸣，隆达①飘洒如花雨，诵经声萦绕在湖海之间。

祭台上贡品满列，是人对自然的供养和感恩。人们对着青海湖跪拜，高呼着"拉加洛"往湖中抛洒装满五谷和草药的宝瓶，宝瓶原是布袋做的，如今有青稞壳做的。装藏的材料由农牧民自行准备，经过僧人的装藏和加持而成为供物，投入水中被鱼鸟取食。吉祥宝瓶象征着富足的祈愿，溅起的水花意味着纯净如意。

青海湖祭湖是我对处暑节气最动情的联想，远胜于书上刻板的记载。

《月令七十二候集解》记载的处暑三候是："初候鹰乃祭鸟。"老鹰开始捕猎鸟类，将捕到吃不完的鸟堆放在一起，如同祭祀，这是古人错会，与霜降时豺乃祭兽一个道理。《月令七十二候集解》说鹰乃义禽，就呵呵吧，鹰乃猎手还差不多。

小暑时"鹰始击"，鹰练习飞翔和捕猎的本领，处暑时"鹰乃祭鸟"，代表技能训练有成。走兽比飞禽囤积食物的时间要更晚些，不晓得是不是因为毛发更厚实、更有安全感的缘故。

"二候天地始肃。"始肃又是需要意会的说法，字面的解释是阴气聚集。气温开始下降，大地有了凉意，天地万物呈现出肃杀之气。但是天地良心！处暑时花开得热情洋溢，有时还热得反

---

① 一种宗教祭祀祈祷用的小纸片，有红黄白绿蓝五种颜色。——编者注。

常，凄凉肃杀的感觉一时真地很难领会到啊！总不好因为"秋"音同"囚"就硬裁肃杀之气吧，那秋字左为禾，右为火，还象征着五谷丰登呢！

俗话说的争秋夺暑，是说秋与夏在做最后的交接较量，季节的更迭变化是厚积薄发的过程，并非一蹴而就，时间的韵致正在于此。

"三候禾乃登。""禾"指的是黍、稷、稻、粱等作物，"登"乃成熟之意，表示可以开始秋收了，与立夏一样，处暑也有见三新的提法，三新分别是：高粱、小米、棉花。大江南北秋收秋种的时间因地而异，不能照本宣科。以我所目睹的实际情况而言，真正的秋收还得再等上一等，大约要到秋分前后。

节气三候很像是预告片，上个节气的物征要等下个节气来印证，有时还是闪回播放的，十分考验理解联想的能力。

处暑在我心中其实应当排在立秋之前，是夏天不愿退场的那段时光，像极了一段感情回光返照的浓烈。

似是而非、词不达意的处暑三候，像是尴尬广告语，给我的印象甚至不及爱新觉罗·胤禛的一首小诗《七夕处暑》来得深：

> 天上双星合，人间处暑秋。
> 稿成今夕会，泪洒隔年愁。
> 梧叶风吹落，璇霄火正流。

将陈瓜叶宴，指影拜牵牛。

看起来很像后宫中失宠女子写的诗，实则是大名鼎鼎的工作狂——雍正皇帝的手笔！身为一位每天勤奋批奏折，跟大臣死磕政事的顶级劳模，四爷的诗写得不多，水平不算特别好，不过比他的儿子乾隆有水准，情感细腻真挚。不像乾隆的诗花里胡哨，半生不熟，让人难以卒读。（乾隆的四万首御制诗，属于我品读古典诗词时会自动屏蔽、主动跳过的坑，看他的诗太遭罪了！）

四爷写诗不端帝王架子，反而有落寞文人的风致。平白中见幽微，有"独立小桥风满袖，平林新月人归后"的寥落。八卦如我总喜欢揣摩那一缕隐约的缠绵愁绪从何而来，向何处去，也许真有一个人、一段情藏于他的心中吧，在某时某刻会忽然出现，令他沉吟徘徊。

母亲回来的时候，带回自街市上买的新鲜的菱角和莲蓬，热情洋溢地分出一份给我朋友，说此时正是菱角、莲蓬上市的时节，她兴致勃勃地剥菱角，说晚上借厨房给大家做菱角炒毛豆，又说莲子拿来炖银耳，莲心挑出来晾干，泡毛峰，很下火。

莲子很新鲜，带一丝甜味。我侧头看她坐在窗边，连说带笑，依稀还是我梦中绮年玉貌的女子。梦中的一幕划过脑海，我问她，是不是带我看过荷花？为什么我印象中的宣城没有这样的地方？母亲几乎是不假思索地回答我，她带我看荷花的地方是合肥的包公园。

刹那间，往事纷沓而至，小时候跟母亲在合肥求医的记忆清晰涌现，那时我才四五岁，父亲在家上班挣钱，母亲带着我四处求医，在合肥待过不短的时间。

记得母亲半夜去医院排队挂号，她帮我掖好被子，轻手轻脚穿衣离开，我闭眼躺在床上，其实醒着，听到她锁门离开的脚步声，我像一片被风吹动的树叶，平静而凄惶。

母亲知我早熟，却不知我能记住这些细节：我记得她抱着我在医院长廊上等专家叫号，记得她脸上故作坚强的笑意，记得她在等待的时候安慰其他病友的父母，更记得她详细地陈述病情，殷切地望向医生，希望从医生口中得到一丝康复的希望。

从来都是失望。层层叠叠深入骨髓的失望，于她于我都是折磨。

微小的欢喜是从医院出来，感觉重见天日。与她一起在街边的早餐店，就着胡辣汤，分食一份锅贴，或是点两碗小馄饨和一笼小笼包。

还有她带我去包公园赏荷，碧叶绛花，映日亭亭。若遇夏日疾雨，她抱着我找亭子避雨，坐看雨荷，雨点溅落在荷叶上，激起水雾迷蒙……

隔着数十年的光阴看过去，那画面依然历历在目，动人心魄。自那时起喜欢荷花，即使路过也会驻足，本以为自己是喜欢荷花的清逸，原来还是眷恋与她在一起的美好细碎的光阴。

母亲在不为我的病情焦虑发怒时，待我无微不至，爱护有加。这是我无法怨恨她的原因，因为始终有爱。为强健我的身体，她非常注意饮食，习惯按照节气滋补调养，我最初对于节气养生的认知，有好些是来自于她的耳提面命。

她剔着莲心对我说，回到北京要少熬夜，入秋了就不要贪凉，回去的时候带些新鲜荷叶，用来做粉蒸肉。我本想说淘宝上买直接递到家更方便，想想还是不拂她的好意。

毕竟我们聚少离多，她能表达关怀的地方也就是这些细微小事了。我写节气，实则是在回溯过往，回想我和母亲的关系，很像是从炎热的夏季转到了疏阔的秋季，从纷争走向平和，共赏花开，坐品香茗，把臂同游，同桌餐饭，有淡淡的温存和体谅。

秋水金陵

在外公那一辈贴近土地的老人眼中，风雨不节则饥，风调雨顺是为好年成。然而我是个浅薄的人，比起天时地利，更在意每个节气的吃食，并美其名曰"民以食为天"，这喜好至今未改。

除却外公和父亲的关爱，是书籍和对美食的热望支持我度过了少年时的无趣和彷徨。江南的细碎光阴如蛛网缠身，在我的记忆中留有诸多耿耿于怀可吐槽之处，譬如冬日的阴冷，黄梅雨天的反复，闷热到绝望的夏季和蚊虫叮咬的防不胜防……还有人情的烦琐，亲友交往的边界感缺失，都是令我深感不适的。只一样却是毋庸置疑的好，那便是风物之闲美丰足，饮馔之精细讲究，甚难得的是家家户户切合时令，对此心照不宣，自有章法铺陈。

春之莼菜茭白，夏之杨梅枇杷，秋蟹冬笋，俱是寻常又令人念想的风物，到了北方，即使是同样的食材，水准不低的星级大厨，做出来的味道亦是欠了几分镬气。至于栗子、红薯、柿子，则是南北各有其擅，可免予指摘。

故此十分理解曹公著《红楼梦》时，笔底烟霞中暗藏的莼鲈之思，他虽是旗人却出生在江宁，十三岁家境败落回到了北京，熏染已深，忘不了舌尖上的江南味道。稍微留心熟读《红楼梦》的人就会发现，薛姨妈请宝玉冬日小酌时取出的酸笋鸡皮汤、糟鹅掌，袭人给史湘云送的时鲜红菱和鸡头米、桂花糖蒸新栗粉糕，宝钗和探春拿钱让小厨房单做的盐炒枸杞芽，宝玉病中喝的莲子汤、火腿鲜笋汤，还有胭脂鹅脯、酒酿蒸鸭，举凡印象深刻些的，大多不是北方常有的吃食、常见的做法。在饮馔之道上，广义上的南方雄踞生物链的顶端，稳居霸主地位。

我有时看《红楼梦》约等于在看食谱。窃以为，南北两京之间的饮食水准差出去一百部《金瓶梅》。尽管《金瓶梅》已然看得我十分索然没食欲，能记得的无非是潘金莲的饺子，李瓶儿的酥油泡螺，宋惠莲用一根柴火烧透的猪头，以及西门庆宴请胡僧时的一桌大荤……

每次看到潘女士因为少了一个饺子而痛打武大郎前妻的女儿迎儿，便觉得义愤填膺不能忍。这女人太刻薄了，怪不得福薄命浅。

身为吃货，再多说一句，袁枚这个"大忽悠"若非长居江宁，怕也难养出一张刁嘴，诌出一本似是而非的《随园食单》来。

行笔至此忽然很想念南京，一个非我桑梓却因离得太近而熟稔的城市，一个由书卷而展开，因历史而厚重，因诗词而迤逦，终至让我如数家珍、念念不忘的城。

有种鲜明的感觉在脑海中挥之不去，这座城最契秋天，不仅是因其最知名的古称是金陵，与秋之气相合，亦因它所沾染的六朝烟水，朱雀斜晖。

倘若白露这天要去探一座城，我会动身前往南京。

丹枫、白露、银杏、冷霜，秋之声色，这城中皆有，湛然如新。

坐在山间茶室里，喝一杯映衬节气的白露茶，据说是习俗，我没有细致地考证过，南京人对吃喝的包容心广大到犹如面对朝代更迭的洒然（对鸭子情有独钟、一如既往的执着除外），旧时南京茶社遍地，谈心谈事多往茶馆，所谓好喝茶不求甚解，春茶是茶，夏茶是茶，秋茶也是茶，逢到什么节气喝什么，只要品类选好了，好茶好水用心泡，滋味定不会太差。

所有写南京的古典文学作品中，《儒林外史》是容易被忽略低估的。吴敬梓寓居秦淮河的河房，熟悉老南京的风土人情，笔笔写来皆平实有情谊，除却书中令人意动的美食，印象最深的是他写两个挑粪的平民，谈及去永宁泉吃一壶水，再回雨花台看落照，书中人杜慎卿评曰：真菜佣酒保都有"六朝烟水气"，正是这个说法，令我牢牢将白露这个节气，合在了南京。

白露：
玉阶生白露，夜久侵罗袜。

"白露，八月节，秋属金，金色白，阴气渐重，露凝而白也。"这个节气一如南京给人的印象，乍看之下清寂冷淡，实则如秋光一般温存，秋水一样远淼，耐人寻味。

白露有三候："一候鸿雁来，二候玄鸟归，三候群鸟养羞"。鸿雁即大雁，玄鸟是燕子，两者皆为鸟中君子，它们的往返能带给人秩序、希望、信任感。三候群鸟养羞，三兽以上为群，鸟亦然。群者，众也。这句话不是指群鸟到了白露时节忽然害羞，而是说天气转凉，群鸟开始蓄食备冬，如藏珍馐。同时像人天冷添衣一样爱惜羽毛，贮备精气，以度严寒。

《月令七十二候集解》刻板无趣，有些附会还很牵强，略显神叨，很是干扰正常认知。就今人的感知而言，白露时节，南方依旧夏，北方渐次秋，差别还是很明显的，云贵川地区还会迎来华西秋雨，李义山诗"巴山夜雨涨秋池"，说的就是这个时节的秋绵雨，他因而耽误了归程，要特地写信跟夫人报备一下。

对于秋绵雨的恼人，徐霞客有最切身的体验。他在《滇游日记》里记录了崇祯十一年农历八月开始的旅行，那雨断断续续从白露下到农历十月立冬方止，一路他被凄风冷雨折腾得不轻。峭寒砭骨，最冷的时候只能闭户向火，不能移一步也。我之所以对这一段记忆犹新，是因为我也是在云南住了小十年的人，对那里的雨季深有感触，冷起来只能穿羽绒服，升起壁炉，窝在家里烤火看书。

民谚讲白露秋分夜，一夜凉一夜。虽够不上寒，亦不可再贪凉，又说，"过了白露，长衣长裤"。此时昼夜温差大，按古人的说法，是"早温、昼热、晚凉、夜寒"——听起来难以琢磨，在古人的概念中，一年四季基本都要注意保暖不可贪凉就对了。

白露身不露，引申开来就是君子要注意行止休养，以常德行、习教事，大白话就是收敛玩心，好好学习，不然到了年终考核的时候学业太差无法交代。

说完民俗，再说一些历史上的小掌故，古人认为露水是神物，可以入药，饮之延年益寿。东方朔献玄黄青露，方士们教汉武帝用玉屑混合服用，以求长生，成功忽悠汉武帝在柏梁宫里造了高达二十丈的铜质仙人承露盘，结果太初元年，天火烧了柏梁宫……还有唐文宗太和年间的"甘露之变"，本来说左金吾卫衙门后院石榴树上有甘露降临，是为引君入瓮铲除权宦，谁知事不谐，文宗反被权宦挟制抢入内宫，宦官们疯狂反扑，导致一千多人被杀的血案发生，长安城内血流成河……

每每想到这一段都很唏嘘……历史的吊诡在于，它运行的规律如节气一样精准，周而复始，细节流转却如天气一般不可尽知。纵然人在其中如农夫般勤谨耕耘，亦难以全然如愿。

不过白露还是很美好的，当此月，先有露凝白，后见月分明。中秋节紧随其后，是最宜入诗的。

李白的《玉阶怨》写道："玉阶生白露，夜久侵罗袜。却下水晶帘，玲珑望秋月。"这首诗用浪漫主义的手法，描摹了一位心情寥落的美人，成功占据了我心中白露诗词的第一名，将这首诗与杜甫《月夜忆舍弟》中的前四句"戍鼓断人行，边秋一雁声。露从今夜白，月是故乡明"合在一起看也是有意思的，一个写思妇盼人归，一个写戍人归不得，"YY"[1]一下，太白和子美真是我心中天生一对好"CP"[2]。

且我心爱的李白亦很爱南京。他一定漫行过十里秦淮，与我同赏过一样的风月。每念及此，便对南京多爱一分。

夫子庙周遭人声鼎沸，很有市井气，南京人言语煞是粗豪，学不会柔声细语，有铿锵之音。俗常意义上的江南是柔情似水

---

[1]　网络用语，意为意淫。——编者注。
[2]　网络用语，表示人物配对关系。——编者注。

的，尤其是吴侬软语最为道听途说的人所称道，实则我所知晓的南方人说话声调普遍偏高，兴致上来时语速更是如疾风骤雨，劈头盖脸扫得人发蒙，太阳穴狂跳。我在北方待久了，乍然回来，耳膜先要适应好几天。

喝茶时一番侧耳倾听，很是诧异当地人和外来的游客皆不多提明故宫，虽然此处如今确实无甚可看，但毕竟是北京故宫的母版，真正意义上的紫禁城，居然声名湮没到连网红打卡地都不如的程度，甚凄凉。

转念一想，这甚符合南京人漫不经心、信马由缰的名士性情。自春秋时楚威王熊商建"金陵邑"起，已有两千多年的建城史，若再算上自孙吴建都至民国，这城池岂止担待了六朝古都之名而已？金陵王气也是它与生俱来的印记。

> 玉树歌终王气收，雁行高送石城秋。
> 江山不管兴亡事，一任斜阳伴客愁。
> ——包佶《再过金陵》

幼时读诗词，金陵是常客，与之相伴的典故有秦淮河、石头城、玉树后庭花、王气等。秦淮河不用解释，石头城是孙权所建，玉树歌残是南陈后主的荒唐往事，这都不难理解，唯独金陵王气令人困惑。

我委实想不出这个气到底是个什么气？王爷气或帝王气？缠着我外公问究竟，外公遂从天下龙脉出昆仑，分出南北中三条龙脉给我讲起，一直讲到南干龙结穴在此，诸葛亮盛赞其为"虎踞龙蟠帝王宅"，我就迷惑了，依据浅薄的历史知识，问出了个大众共识的终极问题："那为什么在南京建都的朝代都短命？"

我的外公被我问得生生噎了一口气，起身给自己续了一杯茶，再落座又开始搜肠刮肚地给我讲起了楚威王埋金，秦始皇挖断秦淮龙脉，将金陵改称为秣陵（养马场）的故事。我听完对金陵由怜生爱，觉得南京这个城市太无辜、太可怜了。山形地势得天独厚，金光闪闪瑞气千条又不是它的错！这不就跟倾国倾城的佳人遭受红颜祸水的污蔑一样令人愤慨么！

撇开王气之说不谈，朱棣当时迁都的好处是能均衡南北的民生经济，巩固九塞边镇，直面蒙古的侵扰，所谓"天子守国门"。他戎马一生，言出必行，这是我钦敬他的地方。

倘若明初不迁都，一直龟缩在南方，国祚久不久不好断言，可以明了的是，一旦北方游牧民族兴盛，铁骑纷沓而下，单凭一道长江天堑是抵御不了的。这才是在南京建都的王朝都短命的原因。

迨帝国重心北移，旧都的光芒不可避免要被新都分去，它却从容，万种风情未见寥落，城池百姓都渐次恢复到六朝以降的落拓无羁，不改其乐。秦淮河畔灯若繁星，宴催流光，扇走风流，袖舞庄雅，国事亦可作渔樵闲话。烦恼会有，亦会随波而去。

此城风流净肃，看待世事更迭的姿态，一如杨慎词言："滚滚长江东逝水，浪花淘尽英雄，是非成败转头空，青山依旧在，几度夕阳红。"又冲淡平和，风雨苍茫难堕其志，即使一再经历伤筋动骨的劫难，亦能稳如磐石。

"潮打空城寂寞回"，日夜不歇的江潮不止涤出了烟雨楼台的繁华，更洗出了敦厚质重的性情，将动荡视之为涅槃，这是令人心折的气度。

北平秋梦

　　紧赶慢赶在中秋节前结束出差从南方回到北京。飞机下降时，忍不住往下看，下方平畴远阔，屋舍俨然。即使知道未至金秋，内心一样止不住欢喜，仿佛一落地即会有盛大的秋色迎接我。

　　对这城的熟稔是与生俱来的，不同于身在江南的度日如年，恨不能一夜白头，这城的一草一木都令我心生温情，人事亦有旧雨新知之感。这里成为我的长居之地，亦会是我终老之所。

　　我从小到大骨子里的做派、思维全是北方的，在江南落落难合，这样说，不是为了刻意增加区域文化的对立，而是告诉一些与我有同样感觉的人，勇敢一些，如果你清楚地感知生养你的故乡形同驿站，并非心理上的故乡，不要畏惧，不必难过，坦率地接纳、面对这个认知，在合适的时候离开，去寻找真正安顿身心之所。如同对待感情一样，无须为留而留，画地为牢，自我厌弃，彼此质疑。

北京交付给我世俗的安稳，我在这城里成长的欣悦，是重见天日脱胎换骨般的。这改变得以发生，是苦心孤诣，也是天时地利人和。人在三十岁左右，要学会和往事作别，与原生家庭和解或切割，轻装简行，踏上新的征途。

第一次来到这城，是二十多年前看病的缘故，寓居于此。彼时年少，感受到这里的人情丰美，是迥异于南方小城的宽宏豁达。那时人在海淀，去了三山五园中的数山数园，站在北京浩大的秋色中，被温暖的阳光包围，叶落于肩头，像有人轻声安慰。没有萧瑟之感，有的只是山河岁月的源远清旷。

为这一丝残念，自此淡了悲秋之意，秋在我的感受中，如同一个人行至中年，看似行旅匆匆生涯过半，然而准备好的话，完全可以心无挂碍重新启程。过去种种如春梦夏花，往后种种如秋云冬雪，疏阔清寂处，别有洞天。

写完南京之后，内心蠢蠢欲动想写北京，一来是北京的秋色极堪称道，二来是北京和南京之间的承续犹如白露和秋分一样自然。白露承秋之气，气韵却还未足，要到了秋分才显出秋之高华。

李白有一句写白露的诗："天清白露下，始觉秋风还。"读之有湛然之气。杜甫亦有一句写秋分的诗："秋分客尚在，竹露夕微微。"可与之相应。南京与北京这两座城，一如太白与子美这两位为后世所称道的诗坛双子星。

南京风流落拓，笑傲王侯，自带六朝烟水和玉树歌声，甫一出场便让人目眩神迷，直如以谪仙之态降临世人面前光华耀目的李太白。而北京，风流端肃，更像是底蕴深厚、颠沛流离、大器晚成的杜子美。

秋天，穿梭于这两座城池间，恍惚是回到金陵和北平。无论是在栖霞山赏枫，还是在香山赏枫，都是一般欣悦，潭柘寺的银杏亦可与玄武湖的银杏相媲美。

秋分：秋分客尚在，竹露夕微微。

一直觉得立秋是预告、处暑有反复、白露是预演，唯有到了秋分，方算得尘埃落定，秋水明澈，秋意分明。

秋分是二十四节气中的第十六个，秋之六节气的第四个，紧随白露之后。《春秋繁露》言："秋分者，阴阳相半也，故昼夜均而寒暑平。"表述上与春分基本一致。秋分与春分讲求的是平和均，彼此之间形如双生，你有我也有，习俗物候皆可互证。

吃货总要先从吃食说起，春分吃春菜是谓春汤灌脏，洗涤肝肠；秋分吃秋菜亦谓洗肚肠，而且吃的是同一种野苋菜汤，这就罢了，关键是粘雀嘴这个习俗，春分做些汤圆叉放在屋外田间地头，引雀儿来食，免得它们啄食庄稼，到了秋分再重复一次以上行为，一年粘两回，雀儿甚悲摧……至于祭祀观星、迎春牛、送秋牛、酿酒、立蛋等俗仪亦丝丝相扣，分毫不差。

春忙与秋忙相应，忙之后可以稍闲，此时便有社，春社是立春之后的第五个戊日，约在春分前后；秋社是指立秋之后的第五个戊日，约在秋分前后。

祭祀土地神的祭坛称为"社"。从天子到诸侯乃至平民，凡有土地者，均可立"社"。古人认为土神名叫句龙，是神农氏的第十一世孙，共工之子。颛顼打败共工氏，任命句龙为土正官，主管土地社稷，负责平整土地、疏导河流。句龙被尊为"后土"之神。

"春社"祈求风调雨顺，能有好的收成；"秋社"则要举行报告丰收的谢神活动，并祈盼来年再获丰收，这就是所谓的"春祈而秋报也"。祭祀分官社和民社两种祭祀形式，其意都在祈丰年，导农事，睦乡邻，宣教化。

精于饮馔的宋人会用猪肉、羊肉、腰子、奶房（奶酪）、肚肺、鸭蛋饼、瓜姜等，切作薄片调味，铺在米饭上，做成"社饭"，相较起来，受胡风熏染甚深的唐人的吃法就粗犷许多，宰鸡鸭猪羊，合以面粉、蔬菜做羹汤，称之为"社零星"，做法颇似东北乱炖或河南胡辣汤。

总之，是日酬神恩，宴宾客，家家各出其有，备社饭、社糕、社酒，欢饮至醉。

古人依据经验判断，认为春、秋分，春、秋社的先后次序与年景之丰歉相关："以秋（春）分在社前，主年丰；秋（春）分在社后，主岁歉。"《岁时广记》载谚云："秋分在社前，斗米换斗钱；秋分在社后，斗米换斗豆。"

经过春夏的耕耘和观察，到秋分时年景好坏、收成的丰歉基本可以了然，故而才有秋后算账的说法。

我历来觉得文人笔下的春秋，四时之美是带美颜滤镜，不可全信的，连为生计所迫亲自下场躬耕，"晨兴理荒秽，带月荷锄归"的陶渊明在说到"种豆南山下，草盛豆苗稀"时，尚且自带无所谓、自得其乐的BGM[1]，更别说其他根本不曾亲事稼穑，只是偶尔隔陇观景的文人了。

在他们眼中，春社是："桑柘影斜春社散，家家扶得醉人归。"秋社是："今番喜乐丰年景，醉倒翁媪笑颜开。"赞一下田园牧歌，带着与民同乐的优雅。

实际上，春之少雨，夏之溽热，秋之阴雨，任何一个物候不调都会化作悬在农人头上的剑、身上的鞭，一年四季，起早贪黑。唯有严冬方可稍歇，然冬天又是贫家最难挨的时日。如此想来，如今的生活虽被诟病离土地远，与自然相隔，于农人贫者而言却是相对轻省好过了许多。

---

① 指背景音乐。

想起黄仲则《都门秋思》里的喟叹："全家都在秋风里，九月衣裳未剪裁。"他生在乾隆盛世，是常州才子、江浙名士，寓居京师得人接济尚且会有生计不继、捉襟见肘之苦，更莫说古代那些生逢乱世的平民百姓了，说是命如草芥，并不为过。但偏偏是这如草芥般的微尘众，以性命供养山河大地，四时花鸟，辨出了是非曲直、阴阳经纬。

最微小的最盛大，至丰饶处至淡然。

与春分对应，秋分物候有三："一候雷始收声，二候蛰虫坯户，三候水始涸。"从春分时节的"雷乃发声"，到秋分时节的"雷始收声"；从蛰虫始振到蛰虫以细土封巢塞穴；从春水初萌，到秋水微涸。历时半年，雷二月阳中发声，八月阴中收声入地，则万物随入。传说中，司掌行云布雨的龙"春分登天，秋分潜渊"，故云销雨霁，秋空如洗。

"断虹霁雨，净秋空，山染修眉新绿。"雨做新妆沐，虹是颊上脂，山似眉峰翠，水为眼波横，秋之淹媚，尽可在端然处意会神知。

在普罗大众眼中，秋分的鲜明远甚于宜入辞章的白露，有此认知，不单因秋分是节气八大金刚，最早的四立二分二至之一，定了物候经纬，亦不全因农事所言秋收、秋耕、秋种、三大忙节在这短短的十几天中，最要紧是农历八月十五的中秋节正当此时。

按照旧历，秋季一共九十天，分为孟、仲、季三段（其他三季亦同），秋分这个节气平分这九十天，"平分秋色"一词正由此出。

上古人淳朴，物资短缺、生存艰难，面对大自然生出了无穷的虔敬心，要从中获得信心和庇护。父天母地，日月星辰皆可为神，一年四季，春分祭日、秋分祭月、夏至祭地、冬至祭天，倘有需要祭山祭水，祈雨祈福、慎终追远、阖族祭祖另算。祭祀之重要，直接列入君王的基本责任范畴。"国之大事，在祀与戎。"与祭祀的端严整肃、不容有失相比，开疆拓土倒成了第二件要事。

春时草长莺飞，阳气升腾，人们将祭祀献给太阳；秋来山清水冷，阴气馥郁，人们将祭祀转向月亮，以求阴阳均衡。

【中秋】此夜若无月，虚过一年秋。

汉末学者应劭说："天子春朝日，秋夕月。朝日以朝，夕月以夕。"夕月即拜月，时间是在秋分日的酉时，即晚上5点到7点。中秋节原是从秋分夜的祭月节而来。因十五月色更好，两者渐渐合二为一。有道是："此夜若无月，虚度一年秋。"

俗话用"云掩中秋月，雨打上元灯"来形容煞风景。

中秋节定于唐，盛于宋，至明清时与元旦齐名，成为传统节日中的顶流。漫长时光中，社会心理秩序的重构，人性的享乐超越了对神性的敬畏，渐次淡化了祭祀的意味，将此节转成了盼团圆、同赏月的世俗佳节，将此夜流光转成千里相思，化作急管繁弦，笙歌不歇。

祭月也好，拜月也罢，都要备上香案，摆上瓜果供品，燃香礼拜，精心准备的吃食原本是为月神——太阴星君准备的，然而星君享用之后，并不妨碍人继续享用，人们想通了这一层之后，中秋节的吃食愈加花样翻新，就中以月饼为翘楚。

我小时候杂书看得多，传说听得多，月饼的起源知道不少，除却江南地区流传甚广的朱元璋或张士诚以月饼夹信约定起义的说法之外，还记得几个关于唐朝的：一为初唐时的祝捷食物，时当仲秋，唐军远征得胜，有人献饼祝捷。唐高祖笑指明月，以圆饼分赐重臣，戎马一生的皇帝忽然风雅：应将圆饼邀蟾蜍。至此有了中秋分食月饼的习俗。只不过那时候月饼还不叫月饼，统称为胡饼。

到了唐玄宗年间，著名的贵妃、当时的时尚偶像杨玉环女士临轩赏月品尝美食，将其中一种胡饼命名为月饼，至此风行天下。最后一种说法时间上较接近宋，是说唐末僖宗年间，僖宗以宫中御饼赐新科进士，助其游宴之兴，传播开来，便成了月饼。

关于月饼的广告，自然是苏大胡子的"小饼如嚼月，中有酥和饴"最为知名，但这是现代人看见"嚼月"两个字望文生义产生的美好误会，细论起来，"月饼"一词最早见于南宋文献，《武林旧事》和《梦粱录》中提到的月饼都是市井小食，四时皆有，并非特指中秋月饼，长得也不像月饼，是蒸出来的，更像包子。宋人中秋的保留节目是喝新酒，吃各种时鲜水果和新上市的螃蟹。

真正将中秋和月饼相提并论并明确定义为月饼的是明代文献。田汝成的《西湖游览志余》中记载："八月十五谓之中秋，民间以月饼相遗，取团圆之意。"沈榜的《宛署杂记·民风》有"八月馈月饼"的记载："士庶家俱以是月造面饼相遗，大小不等，呼为月饼。"

崇祯年间出宫的宦官刘若愚在《酌中志》则说得更细："（八月）宫中赏秋海棠、玉簪花。自初一日起，即有卖月饼者。加以西瓜、藕，互相馈送……至十五日，家家供月饼瓜果。候月上焚香后，即大肆饮啖，多竟夜始散席者。如有剩月饼，仍整收于风凉干燥之处，至岁暮合家分用之，曰团圆饼也。"

看到最后一句，我忽然就很心疼古代人的俭省了，从中秋放到冬天，再美味的月饼也过了保质期，味同嚼蜡了，所以说千万别想着穿越，吃穿还是现代好，种类繁多，任君挑选。

清代北京过中秋的节俗比明代更讲究。当中不乏乾隆皇帝与慈禧太后的推波助澜，这两位都是讲究礼数、喜好热闹奢华的主儿，每逢中秋便命御膳房制月饼，除自食外，还喜欢颁赐亲信及诸位王公大臣，以示荣宠，共享团圆之意。上行下效，中秋节礼更是蔚然成风。老北京送礼送双不送单的礼数估摸着是从宫廷传来的。除了西瓜和藕这样圆形的蔬果，更讲究的还需配上石榴、柿子、苹果等，寓意子孙满堂，事事如意，平安无事。

对此《红楼梦》里写得很真实：宁国府贾珍给居于荣国府的贾母送节礼，准备了西瓜、月饼。次日口味甚刁的贾母点评道，西瓜打开不怎么样，月饼不错。贾珍赔笑道："月饼是新来的一个饽饽厨子做的，我试了果然好，才敢做了孝敬。"这里提到的饽饽厨子就是指做点心的师傅。至于贾母吃的内造（宫中所制）的瓜仁油松瓤月饼，应该是元春送的，我觉得味道大约是精致版的五仁月饼吧，根据《随园食单》的描述：月饼皮是用山东飞面制成的，皮和馅压制之后太硬，还掉渣，我不羡慕。

《红楼梦》里有些习俗是满俗，但老北京管糕点叫饽饽的语俗，约莫是从元代开始，将清真糕点唤作饽饽，之所以不叫点心，是为了避讳，古代的酷刑"凌迟"中有一刀正中心口，叫点心，所以，你懂的！

另外北京的饽饽包容甚广，举凡汉族糕点、清真糕点、满族糕点皆可纳入饽饽一族。过去老北京最有名的饽饽铺叫正明斋，有名到什么程度呢？清末慈禧太后颁赐给大臣的月饼礼盒交给他们来代工：明黄锦盒上印硕大的"慈禧皇太后御赐""福寿康宁"等吉祥语，系黄绫子，内有桃酥两块，月饼两块。

按照明代的习俗，月饼是很大只的，因为大，所以叫太饼，小月饼是清代才出现的，不知道和致美斋、正明斋之类的饽饽铺是否有关系。在老北京人的回忆中，饽饽铺按节气做的各式糕点也很为人称道，可惜现在吃不到了。情感上我表示惋惜，理智上欣然接受，尤其当我慕名试过自来红、自来白、翻毛、提浆四种北方月饼之后……

怎么形容呢？老北京这四种月饼的馅料味道相差无几，硬的程度也不相上下，油大还爱掉渣，最大的优点大概是……存放的时间长吧……但是！北京这气候，买个鲜花回来都能放成干花，月饼放得长也正常吧。

果然在吃的方面不能指望北方人（新疆人除外）。

临安天香

桂花留晚色，帘影淡秋光。
忽起故园思，冷然归梦长。

——倪瓒《桂花》

　　身在北方，秋天的时候，最想念的便是桂花，动身去了杭州，比起北京金光剔透的秋日，杭州的秋日更静敛些。空气中有馥郁的桂花甜香，是回忆中弥散的香气，难泯的乡愁。露水般短暂皎洁的时光里，秋天因此深长甜美可口。

　　满觉陇落桂如雨，用小布袋收了一些起来，想起少年时，每年的这个时节，外公都会在桂花树下铺上宣纸，带我摇桂花，我们将摇落的桂花洗净晾在簸箕里，等干了之后交给外婆做糖桂花。因为酷爱吃糖桂花，我这个植物盲学会了辨别金桂、丹桂、四季桂。做糖桂花以金桂为佳，糖可以用砂糖、蜂蜜或麦芽糖，我小时候是用麦芽糖的，当然可以加少许盐，用以提味。

外婆的厨艺委实平平，好在糖桂花做得很好，腌制好的糖桂花用来下酒酿圆子、冲藕粉，泡茶亦无不可。我至今很怀念她用酒酿发面蒸的桂花糕，香甜松软，捧在手里像云朵，上面有碎金般的桂花。另一样至今爱吃的小食是桂花糖藕，藕要选择粉藕，塞入泡发的糯米，这些都不难，难把握的是煮藕的火候，最好的口感是软中带着一点点硬，方能和糯米的香软相得益彰，如此这般煮好的藕，切成片，淋上烧热的糖桂花，一口入魂。

除却对桂花系食物的喜爱，桂花香是令我至为迷恋的，那是种让人尘心尽洗、觉得人间值得的味道，释然红尘虽然不够完美，却依然可以笑纳的香气。

传说千百年前，灵隐寺某和尚夜半听到窗外有落雨声，举头望去却是明月当空，他出门一看，看到了满庭落花，第二天小和尚跟师父说起，师父说："这是月宫吴刚砍桂震落的桂花。"这便是"桂子月中落，天香云外飘"的由来。

桂有清华从容，它可以在古寺月下起舞弄清影，陪山中高士把酒言欢，亦可以在寻常巷陌看尽百姓人家的烟火漫卷，是这样亦雅亦俗，与这城池的气度相契。

"远于沉水淡于云，一段秋清孰可分。毕竟素娥留不得，人间天上一时闻。"因眷恋这满城天香，我在杭州看过房，差一点就买下了，仔细想想不行，花了二十年逃出江南，这一买又住回去了，白白酝酿了出逃，还是每年春来喝茶、秋来赏桂比较好，西湖边小住半月，想有的都有了。

"人闲桂花落"，人生的契阔和清欢，在于有时我们不必拥有那么多东西。所谓江山风月本无常主，闲者便是主人。

迄今为止我都习惯住在汪庄，生生把窗前的树住到高过了窗前的雷峰塔顶，此园毗邻雷峰塔，造得极讨巧，足不出园即可饱览西湖三大胜景。我常在园中喝茶闲逛，看湖上游人泛舟往来，秋深处，山水显出更加静谧的气息。因岸边有树遮挡，湖上人倒很难看清楚岸边情况，颇有"结庐在人境，而无车马喧"的意趣。

寒露：

江涵秋影雁初飞，与客携壶上翠微。

在杭州盘桓的日子，刚好赶上寒露，兴之所至便去了良渚，跟朋友一起熬黑糖山楂膏，比起啃冰糖葫芦是另一种口感。想起节气来，我总是会先想到应季的吃食，想到花信，然后才会想到月令上的解释。

寒露是二十四节气中的九月节，按照《月令七十二候集解》的表述是："露气寒冷，将凝结也。"农历九月称"季秋"，亦称"无射"，射为出，无射代表玩物收藏。"寒露"为季秋始，是秋季节气中的第五个，"白露"是凉，"寒露"始寒，露凝为霜降则更为冷。

古人言寒露有三候："一候鸿雁来宾，二候雀入大水为蛤，三候菊有黄华。"白露物候是"鸿雁来"，寒露物候是"鸿雁来宾"，先来者为主，后至者是宾，白露时大雁迁飞，寒露时迁飞工作基本完成。

菊有黄华很好理解，"雀入大水为蛤"则有点不好理解。深秋时节，古人难觅飞雀，在水边看见蛤蜊，见贝壳上的纹路颜色与雀鸟羽毛相似，便以为雀变成了蛤。说实话，古人对物候的理解虽有敏锐合理之处，更多是靠联想意会，以科学的眼光来看，难免荒诞不经。所以不必较真，强为其叫好。

理性有理性的趣味，神性有神性的诗意，向理性俯首，对神性合掌，选择自己愿意亲近的部分去理解就好了。

"江涵秋影雁初飞，与客携壶上翠微。"按说寒露是秋中之秋、野有蔓草、零露瀼瀼的时节，北方地区已秋风飒飒，红叶熹微，可此时江南将将荷凋蝉静，林间绿意染衣，硬说是夏末亦无不可。

我对朋友吐槽说，看不到大雁，也看不到蛤蜊，除了菊花开时近重阳的感觉，实在感受不到寒露的寒，以往还象征性地降个温，今年倒好，冷都不算冷……江南天气真是神出鬼没。

朋友笑着提醒我，今年是闰四月，中秋和寒露，重阳和霜降离得近，我才会有不冷的错觉，有本事我就多待几天，领教一下什么叫噤若寒蝉。说得我霎时兴起了打道回府之心，转念一想自我安慰，北京没来暖气前也是冷的，不如在外多混几天吧，大不了就地去买鞋买衣服，贯彻一下"白露不露身，寒露不露腿"的古训。

我们饮茶闲谈，说起疫情、生死、物候、天道、人心的变与不变，忽然之间有领悟，以往我觉得顺从节气过日子，带着难以言喻的天真，仿佛是人在童蒙时期才会做出的行为，只有古人和农人才需要细致地揣摩物候的变化，观察天之正气、地之怨伏。现代人大多不理稼穑，只需要跟着节气过节即可，实则大谬。于我等寻常百姓来说，最好的日子就是平常的日子，古今不异。所谓平常，一是平安，一是如常。没有大灾大疫，风调雨顺，连生老病死都可以看似从容不迫地应对。

可惜啊……无常永在。世间种种生离死别，有若潮汐、有时候甚至容不得人说完一句告别的话。

节气算是无常中努力把握到的有常，是人用人为经验划出的安全区域。在这个经验里遵从规矩行事，行止有所依，会获得更多的安全感。从这个这个意义上来说，二十四节气给予人的安慰并不亚于宗教，如同相信春燕南归，鸿雁往返，雀化为蛤，桂菊吐芬一般，人们相信生命没有凋谢，只是换了一种方式继续存在。

子曰："四时行焉，万物生焉，天何言哉！"天道渺渺，人道茫茫，所以古人才会郑重地设立那么多节日，用以庆贺，用以祭祀，用以警诫自身。

寒露：江涵秋影雁初飞，与客携壶上翠微。　　　191

【重阳】昨日登高罢，今朝再举觞。

　　寒露欲凝，重阳望远，在所有的传统节日中，重阳节是与疫情关联较深的节日。传说汉代汝南人名桓景，随仙人费长房学道。费长房算到恒景家中会遭瘟魔（如同疫病），破解之法是制香囊彩袋，内盛茱萸，缠于臂上，于九月九日登高山，饮菊酒。

　　桓景是个相当听话的徒弟，果断照此办理，是日举家出门避瘟魔。待傍晚回家，见家中鸡犬牛羊死绝，桓家人因佩戴茱萸外出登高得以保全。后桓景学道有成，斩杀瘟魔，并将此法传于乡邻。至此之后，每逢重阳，人们都会佩插茱萸登高避邪，茱萸亦因此被称作"辟邪翁"。

　　重阳节正式的起源是先秦时农历九月庆祝丰收的宴饮，以及祭飨天帝、祭祖等重大活动。另据《西京杂记》

载，汉高祖刘邦的宠妃戚夫人的婢女贾佩兰出宫之后尝与人言：宫中九月九日，佩茱萸，食蓬饵，饮菊花酒，云令人长寿。大约从西汉起，民间亦有了重阳求寿的习俗。

古人以九为阳之极，九月初九，两九相重，故名重阳，亦叫重九，其名正式见于记载是在三国时期，曹丕在《九日与钟繇书》中言道："岁往月来，忽复九月九日，九为阳数，而日月并应，俗嘉其名，以为宜于长久，故以享宴高会。"曹丕解释得很清楚，重九合久久之意，故在祭祖之外，又增添了宴饮祈寿敬老之意。

古人寿命偏短，是谓"人生七十古来稀"，农耕时代的生活经验又需得长者传授，故而敬老不单是孝，亦是实际所需。

重阳又称踏秋、辞青，与春之踏青相应，古人对季节的更迭是这般珍重而见情意。谚云："寒露不算冷，霜降变了天。"秋风送寒，霜凝大地。寒露之后，气温通常下降明显，古人会相应减少外出的机会，趁着秋寒新至时再做一次大规模的郊游，是不错的选择。

《东京梦华录》载，重阳节"前一二日，各以粉面蒸糕遗送""酒家皆以菊花洞户，都人多出郊外登高……宴聚""诸禅寺各有斋会"。重阳节的"蓬饵""蓬饼"和清明节时的青团一样，是以蓬草榨汁和面做成的蒸饼，味道相似。

对热衷过节的宋代人来说，吃很重要，找到理由聚会"嗨皮"最重要！来啊，造作啊！反正有钱有大把时光。

然而重阳节最著名的广告语还是出自唐人："遥知兄弟登高处，遍插茱萸少一人。"不消赘述，此诗已见出唐人有登高插茱萸的习俗。茱萸插鬓并非王维一时兴起，而是唐人共有的风雅事，同为太原王氏旁支的王昌龄作《九日登高》诗道："茱萸插鬓花宜寿，翡翠横钗舞作愁。谩说陶潜篱下醉，何曾得见此风流。"王昌龄极言"茱萸插鬓"之风雅，是可与美人"翡翠横钗"相媲美的，犹胜过陶渊明篱下独醉。

说实话，茱萸插鬓总让我想起西门庆鬓插鲜花满街溜达猎艳的画面，我也不觉得此等风流能胜过陶渊明独饮菊花酒的风采，不过算了，既然我喜欢的两位诗人都这么说，我就不较真了。

唐人过重阳节，喜欢的登高之地是长安城内的乐游原、龙首原。区别在于百姓常去乐游原，可以进宫过节的人，一般是去龙首原（大明宫）。唐代皇室过重阳，除了例行的赐宴、赏菊、赋诗、赐物以外，还有一项活动，也可与清明射柳相对应，那就是举行"射礼"，即射箭比赛。王朝初盛之时，这项比赛是由皇帝亲自主持参与的，是初唐尚武之风的体现，每至太平日久，武备都要衰落，唐如是，明清亦是。

除插茱萸祛病防灾，簪菊，饮菊花酒、茶，食菊花糕、粥，沐菊花浴都是重阳节长盛不衰的习俗，从医理上说，茱萸与菊花都属于药食同源、能治病延寿的佳物，无论是制药还是酿酒，乃至佩戴观赏都是于人身心有益的。茱萸可以酿酒，配花椒能熬制辣油，在明代——辣椒没有传入之前，我国广大的"嗜辣星人"主要是靠茱萸和花椒解馋的（将花椒放在酒里一起喝，叫"椒觞"，古人将花椒当作玉衡星精，服食可让人延缓衰老）。

茱萸也叫"越椒"，还有个别名叫"艾子"，重阳节曾被称作"茱萸节"。不过后来茱萸的地位和菊花相比就显得落寞了。

重阳时节不得不说的花是菊花，《月令七十二候集解》说：季秋之月，"菊有黄华"，九月亦雅称菊月。比之桂花的清旷仙姿，菊花更有高洁之态。清初的《花镜》为菊花归纳了五种美德："圆花高悬，准天极也；纯黄不杂，后土色也；早植晚发，君子德也；冒霜吐颖，象贞质也；杯中体轻，神仙食也。"

在杭州自然会喝杭白菊，有时想起清宫名膳菊花火锅，会在打边炉时加进去，如果是四川火锅，那就算了，免得荼毒高士。

菊花酒很少喝到，功效口感不敢乱评价。只知道据《西京杂记》载，至迟在汉代，古人就会酿菊花酒了："菊花舒时，并采茎叶，杂黍米酿之，至来年九月九日始熟，就饮焉，故谓之菊华酒。"

自打傲娇"屈仙子"（屈原）自诩"夕餐秋菊之落英"开始，到陶渊明推崇"秋菊有佳色，裛露掇其英。泛此忘忧物，远我遗世情"，再到孟浩然高呼"待到重阳日，还来就菊花"，重阳节早与菊花酒结下不解之缘。在我记得的诗词典籍里，但凡写到重阳节，饮酒登高是必不可少的主题。

另外，1911年10月30日（农历九月初九）蔡锷在昆明起义，响应武昌起义。这次起义又称重九起义。不知道这算不算另一种形式的登高望远。

想以孟浩然的诗作结："北山白云里，隐者自怡悦。相望试登高，心随雁飞灭。愁因薄暮起，兴是清秋发。时见归村人，沙沙渡头歇。天边树若荠，江畔舟如月。何当载酒来，共醉重阳节。"

脑海中浮现一个有趣的画面：倘若这话被李白听到，身为孟夫子忠实粉丝的他，一定会兴高采烈地应和："昨日登高罢，今朝再举觞。"

来来来，秋光佐酒，不醉不归。

霜降：山明水净夜来霜，数树深红出浅黄。

寒露方过，霜降来临。今年的日子很奇妙，时常感觉难过，又倏忽飞逝，生出岁晚白头之感。

值得回忆反思的事情多了，比往昔更有了惜时的心思，是以立定心意要写出二十四节气与二十四座古城，写一些久远的故事和古诗，算是了却夙愿。

《月令七十二候集解》载：霜降，"九月中。气肃而凝，露结为霜矣。"许是因为天真的冷了，水气凝结为霜，有肃杀萧瑟之感，所以民谚有"寒露百花凋，霜降百草枯"的说法，听起来大杀四方、一副不好惹的样子，实际上，从寒露到霜降这段时间，恰是秋光柔润，花叶照眼明的好时节，闲来临水登高，饮酒赏菊，枫叶和银杏的风致胜于春花。

想起《西厢记》里那一句"晓来谁染霜林醉"，少男少女皆怀春的故事（事故），前面看得人槽点满满，一路想拉进度条。直至长亭送别，整个底色才翻转为王实甫原本想表达的沉郁。人喜乍见之欢，难得久处不厌。《西厢记》若舍得至此结笔，更叫人称绝。

男欢女爱的套路，无外乎始于颜值，陷于才华，终于人品。热情消散之后还能继续全靠西风瘦马，你聋我瞎，想过得长久千万别计较太多。

人生像四季一样轮转，有惊喜，相遇，牵绊，舍与不舍，最终都不免含笑带泪挥手作别，就像霜降是隶属于秋天的最后一个节气，之后就正式入冬了。

霜降有三候："初候豺乃祭兽，二候草木黄落，三候蛰虫咸俯。"后两候几乎不用解释，豺祭天的初候很扯，我第一次看到的时候忍不住笑出声。古人看见豺狗将捕到的猎物陈于地上，觉得豺是在祭天，有报本感恩之意。这种美好的误会在其他节气也不时出现，比如雨水时的"獭祭鱼"、处暑时的"鹰祭鸟"。

不是说动物就不懂得感恩，不知道珍惜食物，而是捕获了猎物忍不住啯瑟清点，是人和动物共同的特点，这是本能，没办法的事。

豺形似狗，性似狼，喜群居，活动范围广，攻击力比狼更猛，因其狡诈灵活、力压狼虎豹而成为害兽之首。对人而言，豺狼虎豹均是危险的，然而人类对于动物而言更是邪恶的存在，汉民族自周朝起，将春蒐、夏苗、秋狝、冬狩定为礼法，一年四次声势浩大，而游牧民族更是逐水草而居，日常以捕猎为生。如果豺知道人将它的行为定义为祭，定会嗤之以鼻。

生命的秩序，我们称之为礼法的东西，在动物那里呈现出更单纯的游戏本质。

我对于《月令七十二候集解》里明显附会的说法一贯嗤之以鼻，抵死想不明白，豺不祭兽和武将不作为有啥关系，更无法认同草不枯黄就意味着阳气有差错。

身在江南时，挨过奇冷的冬季、潮湿的春季和闷热的夏季，终于盼到了不冷不热的秋季，此时，花未谢，草未凋，月色清华，山色亦清润。哪里看出阳气不够了，分明阴阳调和得很。这方面杜牧是个明白人，久居江南的他很精确地说："青山隐隐水迢迢，秋尽江南草未凋。"

《月令七十二候集解》中，关于霜降之前的物候形容词是华、是秀、是出、是生、是鸣，从霜降开始便是落、是俯、是冰、是冻。误解不可谓不深，霜降竭力做着延缓冬季来临的努力，默默将最后的温暖留住，就像一个人，有很深的深情，却不善于表达，分明是很吃亏的。

虽然古今诗人言及江南的春天必是深情款款，连篇累牍的溢美之词，所谓"姹紫嫣红开遍"。但我私心就是偏爱秋天的冷静

霜降：山明水净夜来霜，数树深红出浅黄。　　**199**

飒爽，幸与刘禹锡态度一致。

自古逢秋悲寂寥，我言秋日胜春朝。
晴空一鹤排云上，便引诗情到碧霄。
——《秋词·其一》

山明水净夜来霜，数树深红出浅黄。
试上高楼清入骨，岂如春色嗾人狂。
——《秋词·其二》

刘诗豪的《秋词》二首，委实写到我心里去了。写得好的诗词莫不带着几分悲凉、几许沉思，是春情中有秋气才隽永。

春天过于青稚，夏天太过热烈，冬天失之冷肃。秋天刚刚好，慢缓下来，白露、秋分、寒露、霜降，这些秋之节气，乍看清冷，实则醇厚，如秋茶之味深，昭示着人可以从繁忙燥热中抽身，从容度日。

说从容还是要因人而异，农人总是忙的。顾禄在《清嘉录》中记载："（吴地）稻田收割，又皆以霜降为候。盖寒露乍来，稻穗已黄，至霜降乃刈之。"霜降时节的收稻，名为抢秋。公平地说，霜不害物，突如其来的冻才会让作物歉收。劳碌一年的农人面临最后的收获会格外警惕物候的变化。

为写节气的文章，我又去读了许多悯农诗，撇去文人的姿态不言，是人都明白农人的辛苦和不易。风吹日晒雨淋是常事，早出晚归身心俱疲是常态，落得一身伤病却不舍得医治。虽说是一分耕耘，一分收获，然农人终年劳苦所得，往往仅是一家数口的糊口米粮而已。

小时候有乡下亲戚来做客，带了土产来，即使是花生、红枣、红薯、栗子之类，我也受之有愧，幸好爸妈都会给钱或回赠礼物，及时提供帮助。

我看见他们淳朴的笑容、拘谨的举止会忍不住心酸，这种感受和我看身边其他人为生活所苦是完全不一样的。现在我终于可以顺畅地表达出那种难受了：所有与大自然交涉的行为都带有赌博的性质。一场豪雨、一次霜冻就可能让一家数口数月的耕耘化为乌有。农人埋首于天空之下，专注于作物的成长变化，自身亦桎梏于根叶之间。

漂流四季，饱经风霜。他们的所得远远小于付出，即使是在中国这样以农为本的社会，古代历史上将农人逼至绝路的苛政暴政，亦未见少。

虽然忙完霜降，农人就算忙完整年的耕种收，可以稍事休息了，但我对霜降的印象并不全然来自农事，这两年写紫禁城营建，查阅资料，书中反复提到的古代匠人工作周期：立春后开工，霜始降百工休。

在顺时应节的古人心中，不仅稼穑之事需要谨遵天时，查探地气，其他工种亦是如此，古代建筑工人冬天是集体收工不干活的，除了天冷霜滑不便干活之外，还有材料不便运输等原因。在缺乏职业保护、没有人权意识的古代社会，这已经是为数不多的体恤了。

塞外的霜是羌管悠悠霜满地，天地浩大，人迹邈远；江南的霜是鸡声茅店月，人迹板桥霜。于村店桥外，见得出红尘行踪。一样的霜降，不同的气韵。

江南俗语里，每到霜降时总喜欢说打霜了，我原以为是说霜露打在植物上，结果真有打霜的习俗。

还是《清嘉录》里的记载："霜降日，天向明，官祭军牙六纛之神。祭神时，演放火枪阵，俗名'信爆'，先期张列军器，金鼓导之，赴校场之旗纛庙。盖俗以春之迎喜为开兵，至是为收兵。"

这个习俗，在吴地被称为听信爆，在皖南被称为打霜。古人虽然认为"霜以杀木，露以润草"，对霜雪的好感远不及雨露，却更知晓风雨不节、寒暑不时之害。霜降日降霜，主来岁丰稔。农谚有"霜降见霜，米烂陈仓"之说。为防霜不降临，要鸣枪邀请它，表示人同样愿意恪守时节规律，秉承正气。

霜降日，天未明时，官兵前往旗纛庙，列阵放枪，是为收兵，其时观者如云，前一天晚上，人们临睡前会相互提醒不要睡过头，错过听信爆，还有人会在枕边放剥好的新鲜栗子，信爆响起时吃下，据说可以增长力气。

这时节的秋栗盛在竹篓里，毛茸茸圆滚滚很可爱。栗子有很多种做法，比吃起来满手腥气的大闸蟹更深得我心。爷爷是厨师，父亲承了他的好厨艺，会做炒栗子、栗子糕、板栗烧鸡、栗子扒白菜，等等。

霜降之后的白菜、萝卜、大葱都是回甜的。"菜食何味最胜？春初早韭，秋末晚菘（白菜）。"食材和人一样，讲究恰到好处，越是普通越能调和百味。

我小时候看《山家清供》，对宋代人烤栗子的方法心向往之，跃跃欲试。让父亲给我找一个铁铫，预备按照书中所写，先放一个蘸了油的栗子和蘸了水的栗子，再数四十七个正常的栗子放进去，然后要求父亲给我生炭火，把铁铫放在炭火上烤。父亲听明白我火中取栗的计划，觉得太不靠谱，以我的操作水平，极可能栗子没吃着，把自己烫着，再把家点着，为了制止我的黑作坊开业，他撸袖子给我炒栗子。父亲炒的栗子远比满街糖炒栗子更香甜，真不是我戴了童年滤镜吹的。

霜降后柿子鲜甜，有"傲霜侯"的美称。将红彤彤的柿子拿来做清供，或放在茶席上，不吃亦是赏心悦目。柿叶风致袅袅，不逊于丹枫，且落叶宽大，可代纸张，别有雅意，只是赏枫趋之若鹜，赏柿少为人知罢了。

幼时父亲教我将不太软的柿子和香蕉一起放在米袋里捂着，我隔天就要去探视一下我心爱的柿子们，小心翼翼地捏捏戳戳，有种调戏小美人的快感。流心的柿饼冷冻之后切开，夹核桃，口味也很妙。

和栗子一样，父亲不让我多食柿子，更叮嘱我吃了螃蟹就不能吃柿子，取舍之间，我对大闸蟹兴趣寥寥。

然而持螯送酒蔚然成风，南北皆同，还是不免被人送蟹券，更被邀请到阳澄湖去吃大闸蟹。盛情难却之下我去了，还是大意了，临湖的秋风吹得我和水里的螃蟹一样瑟瑟发抖，回来之后重感冒，我顿足捶胸，攥着鼻涕哀号：早知如此，还不如留在苏州吃橘子！东山的橘子它不甜吗？我要成篓买！御面斋的面它不香吗？我要每天换着浇头吃！

枫桥寒山

　　"苏"的繁体字为"蘇"，上有萋萋芳草，下有"鱼""禾"并列，望文生义正是"鱼米之乡"。我是个俗人，一年四季到苏州都会找应季的时鲜吃。吃饱喝足之余，脑海中会自动弹出《枫桥夜泊》："月落乌啼霜满天，江枫渔火对愁眠，姑苏城外寒山寺，夜半钟声到客船。"比某度的搜索还迅疾。

　　这是一首写于暮秋的诗，很大可能就是在霜降之后的某个夜晚。

　　那是安史之乱后的流离岁月，烽烟将月色都染了血光。

　　吴门秋水汤汤，古寺钟声辽远，乍看还如旧时光，可是怎么能一样呢？除了仕途之苦，羁旅之思，他多了家国之忧。大唐至此，翻天覆地，犹如君子之泽五世而斩。

被安史之乱洗劫过的盛世，碎如江波月影，这场天地浩劫，他不是命数中能做主的人，却受连累化作浮尘，飘散到这枫桥边。

张继，字懿孙，湖北襄州（今湖北襄阳）人（籍贯存疑，也有南阳、兖州说），天宝年间的进士，大约天宝十二载（753）中了进士。在唐代中进士并不意味着端上了铁饭碗，还得经过铨选（考核选拔），才能授官。所谓铨选是唐朝的选官制度，唐五品以上官员由皇帝任命，六品以下的文官由吏部按规定审查合格后授官，称作铨选。除高级官员由皇帝任命外，凡经科举考试、捐纳或原官起复等，均须赴吏部听候铨选。张继在铨选中被淘汰了，他在《感怀》一诗中感慨："调与时人背，心将静者论。终年帝城里，不识五侯门。"

他自述不是巴结权贵的性情，游走在长安城内高门显宦门下的文人士子却多如过江之鲫。身为外乡人，一个家世寻常的进士，既没有杜甫的煊赫旧家声，又似乎欠缺了些李白、白居易一举成名的运气，待到"渔阳鼙鼓动地来"，一朝潼关失守，帝王带着他的爱妃弃了都城百姓，仓皇幸蜀。及至肃宗即位，形势依然没有明显好转，新老皇帝争权，天翻地覆中，谁会在意一个待选小进士的前程呢？

就这样顺流而下，漂泊到了烟水温柔的姑苏，我不知流寓吴越的张继是否读过寒山的诗，但他一定是乘着一艘如梦般的客船停在枫桥边，听见了寒山寺的钟声拨云见月，迢迢而来。

那富家子出身的诗僧，也曾自矜才情，有过"游猎向平陵，喝兔放苍鹰"的红尘肆意，却因为身材矮小而绝了仕途之路，到后来，入了释门，敛了性情，留下的诗洗尽铅华，明心见性，直指人心。这座响起钟声的寺庙，因他而得名。

当此夜，月映寒江，霜天乌啼，江枫渔火，游子无眠。人生仿佛走到某种罅隙里，陷住了脚，下一步不知往何方去。那钟声仿佛是一种密契，伴他度过了一个分外清明又愁绪迭飞的夜晚，他心有所感挥笔写下一首诗，却不知这28个字会让他名留青史。

昔年蹉跎，投奔无门。因这首诗，他得到了当时主管经济的重臣刘晏的欣赏和认可，是的，就是《三字经》中的神童榜样："唐刘晏，方七岁。举神童，作正字。"刘晏自幼有神童之名，入仕后历任吏部尚书，同平章事，领度支、铸钱、盐铁等使，封彭城县开国伯。他实施了一系列财赋改革措施，对恢复安史之乱后的唐朝经济功不可没。

刘晏因《枫桥夜泊》认可了张继的才华，提携他做了检校祠部员外郎，在洪州分管财赋。对半生离乱的人而言，这已经是不差的际遇了。与张继交好的同代人，如刘长卿等，称其为"张员外"是源于此。

君到姑苏见，人家尽枕河，唐宋时，人们坐船出入苏州城，都会在枫（封）桥边停留。这也是张继夜泊枫桥而没泊别的桥的原因。我喜欢的姚广孝（苏州相城人）在《重修寒山寺记》中言及此桥的繁华："北抵京口，南通武林，为冲要之所。舟行履驰，蝉联蚁接，昼夜靡间。"

自张继到来之后，枫桥与寒山寺名扬天下，后代文人游经到此，不免留下些唱和之作。范成大在《吴郡志》中说："枫桥在阊门外九里，自古有名。南北客经由，未有不憩此桥而题咏者。"——经张继在无眠夜的炼化，"枫桥夜泊"成为文学意境中的典故，题咏枫桥的诗作，唐以后最知名的应该算是陆游的诗作。

　　七年不到枫桥寺，客枕依然半夜钟。
　　风月未须轻感慨，巴山此去尚千重。
　　　　　　　　　　　　——陆游《宿枫桥》

以放翁之高才，竟也无法超越张继所造的半夜钟的意境。其余人的诗更直白到仿佛是为追随张继的脚步而来，颇有"眼前有景道不得，崔颢题诗在上头"之感。

画桥三百映江城，诗里枫桥独有名。枫桥，旧作封桥。北宋朱长文在《吴郡图经续记》中记："枫桥之名远矣，杜牧诗尝及之（暮烟秋雨过枫桥）。张继有《晚泊》

一绝。……旧或误为封桥，今丞相王郇公顷居吴门，亲笔张继一绝于石，而'枫'字遂正。"

王郇公即宋仁宗时大学士王珪，曾书《枫桥夜泊》诗碑，立于寺中。王珪和朱长文都认为桥名当作"枫桥"。然明初卢熊在《苏州府志》中考证：枫桥，去阊门七里。天平寺藏经多唐人书，背有"封桥常住"四字朱印，作"枫"者非。熊尝见佛书，益可信云。

据卢熊考证，寒山寺前那座桥，本名为"封桥"，桥不远处有"铁铃关"，这座关桥是在必要时封锁运河渡口的。然而，封桥之名即便正确，亦不如张继笔误之"枫桥"意境动人，张继的诗仿佛有魔力，令人抵达苏州，朝山拜寺，第一时间想起的，永远是姑苏城外寒山寺。

寒山寺始建于南朝梁天监年间，原名"妙利普明塔院"，因高僧寒山云游驻锡于此，亦被称为"寒山寺"。寒山的诗非常好，是真正的禅诗，有玄思，有诗才，读了叫人尘心尽洗，俗念顿消。

曾读凯鲁亚克的小说《达摩流浪者》，这是他献给寒山子的书，美国"垮掉的一代"喜欢行走在路上，抽着大麻讨论禅宗，追慕着神秘遥远的东方宗教，画像上寒山衣衫褴褛、长发飞扬的落拓形象满足了嬉皮士的臆想，凯鲁亚克对寒山诗的理解翻译有种奇妙的错位和神会，让人难以纠正，也许禅意正在这份似是而非间，不过我想，如果凯鲁亚克真地能够领会寒山的清幽自在，他或许就不会那么痛苦矛盾了。

"寺有兴废，诗无兴废，故因诗以知寒山。"——自《枫桥夜泊》问世后，"黄童白叟皆知有寒山寺也。"寒山也好，张继也罢，冥冥之中，寒山寺注定要与诗结缘，以诗扬名。在我所参拜的佛寺中，寒山寺的诗廊是最名副其实的，也是名家之作最多的。

这些年来，造访寒山寺多次，盘桓寺中喝茶赏枫，也慕名去撞钟，为众生和家人祈福。钟声古寂浑厚，听得人心震动，仿佛心头尘埃亦被震却。同去的苏州朋友介绍说，除夕听钟声守岁，过年时来寒山寺撞钟，是苏州人的延续千年的习俗。当然平时也可以撞，但好像只有过年才会撞足108下。

钟声离远一些听，更有韵致。

应是夜寒凝

一声画角谯门，半庭新月黄昏，雪里山前水滨。竹篱茅舍，淡烟衰草孤村。

——白朴《天净沙·冬》

立冬：冻笔新诗懒写，寒炉美酒时温。

彩云之南

离开江南之后，在云南旅居了十年，平淡而丰饶的十年。

陆续住过许多古城，大理、丽江、香格里拉、西双版纳、瑞丽、盈江、和顺、建水、元阳、罗平、普者黑……山川花木为友，春夏秋冬历遍，可算是开了眼界。云南的城镇或大或小，各有特色，可以凭喜好和季节择选，我心中集大成者，还是昆明。

昆明美得轻灵如蝶，飞向云南省内任何地方都方便，既号春城，自然是花开不断四时春，花卉丰富便宜得令人发指，极其适合我这种叶公好龙——号称爱花又不会养花的人。昆明是隐藏的美食之都，各种菜系都做得不赖，云腿、卤菜、烧烤、泡菜、小吃都有独到的风味。东南亚水果、甜品琳琅满目，最妙的是逛菜场宛如逛大观园，菜摊旁边就是鲜花摊，各种花可随心入馔。雅俗共赏得紧。

我在云南拓展了对蔬果的认知，比如建水的草芽、洱海的海菜花，滋味出乎意料的好。菌子上市的季节，这里是菌子的天堂。怪不得当年朱元璋第五个儿子、朱棣的弟弟朱橚受封云南后组织编著了《救荒本草》等医书，云南堪称物种的样本库。

我喜欢的昆明，宜古宜今，碧鸡金马，龟蛇合一，外有滇池，内有翠湖，气场舒缓，灵气充盈，非常宜居。想当年吴三桂带着陈圆圆来昆明，两人感情不谐是真，但生活品质真不比刚进北京的爱新觉罗一族差。

昆明是有底蕴的城。若留心体察，街头巷陌的老宅第还存留着民国的历史风华，暗藏了西南联大的文华，风俗吃食仍有沈从文、汪曾祺先生笔下的情致趣味。这些都是让人流连的。最让人敬重的，是云南还有许多抗战老兵——远征军，他们曾为家国浴血奋战，而今年华老去，是不能被遗忘的英雄。

按说写到春天时该以云南开笔，毕竟昆明素有"春城"的美称。幼时读到"春城无处不飞花"时，下意识觉得写的是昆明，外公纠正我是"西安"，我啊了半天，很不能接受——西安明明雪景最美，当古老城墙覆上雪妆，似唐妆丽人改作素颜，别有出尘离俗之态，平时就……美得……很瓷实。

仗着对云南的熟稔，春城春色被大笔略过，挨到写立冬时才写昆明，想留给冬天一抹明艳。冬樱花开时，满城粉红，与明蓝天空、清亮日色交相辉映，古老的城池骤然迸发出粉嫩雀跃的少女心。

如同辨别各种菌子一样，我是从云南知晓了樱花有不同种类，云南樱花是重瓣，冬樱花与日本樱花是单瓣，花期刚好接续，从冬到春络绎不绝。

窃以为桃花之美不及樱花之俏，樱花开得再盛都有娇俏感，桃花初开时淡，姿色平平，一旦开得盛了，立显世俗，需要借助藏区雪山的庄严来调和，才有三生三世的仙气。

冬天回昆明，赏过樱花之后，可以转往腾冲泡温泉，去银杏村住下等待银杏变黄。如果说樱花所代表的是生之短暂无常，那么银杏寓意的就是生之延续稳定。巧的是，日本人所钟爱追捧的樱花和银杏，在云南都可以一睹为快，且时间宽裕，大可不必上赶着去日本赏樱了。

腾冲的银杏村是安静的村落，田园牧歌的生活，黄发垂髫并怡然自乐。嬉闹在银杏树下的小孩、烤白果的老人家，都有真诚明亮的笑容。

在栖霞山看过的枫叶红得如同着了火。不死不休的热烈，逼得人臣服，而银杏的黄只是轻柔地笼住你，叫你放松下来。银杏纷落如雨，铺满脚下，每一步踩下去都可以听见岁月的清响，如同走在金黄柔软的梦里。

在腾冲过冬不必担心冷，可以随时泡温泉。整个人被松软的睡意包裹，就算是下午醒来，看见窗外金黄的暮色，还是会有一天刚刚开始的错觉，吃过一碗饵丝、一碟包浆豆腐，看几页书，再开始工作也来得及。

"莲出渌波，桂生高岭，桐间露落，柳下风来。"是读过很美的句子，然而银杏怎可不提呢？它风姿绰约，明明和柳一样，是最早被中国人栽种的树啊！

银杏树端直挺拔，意态超然，见之忘俗。夏时浓荫如盖，冬来满树摇金，因银杏有长寿树之称，故树旁常有人居，点缀得了人间声色，亦可照亮古刹光阴，伴僧人修行，这是银杏的好。西安观音禅寺就有一株据说是李世民手植的古银杏，开时豁达盛大，落时华丽绚烂，勾连起光阴那端盛唐的繁华深远。

与梧叶的瞬息苍老不同，银杏是优雅老去的，叶被风吹起时，有谦谦君子的风致，不会引人心生寥落，当阳光穿透了它的脉络，在它的根叶上流连，哀伤都消解，留下金黄的洒脱、静默的禅意。

曾买过一只木叶盏，是用银杏烧制的，叶形对称，完美如心，脉络清晰，饮茶时杯底漾金，如日照山川，一叶一茗，心情都随之明媚起来。

银杏叶有凝脂般的触感，拾起做书签，写下关于秋冬的字句，是我能想到最温柔的留存。

李白有一首《立冬》诗："冻笔新诗懒写，寒炉美酒时温。醉看墨花月白，恍疑雪满前村。"诗写得朴素散淡，乍看以为是白居易的手笔，说是不想写诗，随手写来还是以雪代月，饶有情致。诗仙就是诗仙，与我等俗人不可相提并论。只是想不到，诗仙也有不想认真写诗的时候。冬天果然是适合犯懒的季节啊！

《月令七十二候集解》上关于立冬的解说也很懒："立冬，十月节，立字解见前。冬，终也。万物收藏也。"

立，还是建始的意思，和立春的发生相对应，立冬代表着万物进入收藏安守的状态。立冬的祭祀之礼与立春是相呼应的。

古人在四季轮转交接之际，会用相应的祭祀礼仪来敬告酬谢天地。《礼记·祭统》言："凡祭有四时：春祭曰礿，夏祭曰禘，秋祭曰尝，冬祭曰烝。"

"先立冬三日，太史谒之天子曰：某日立冬，盛德在水。天子乃齐。立冬之日，天子亲帅三公、九卿、大夫以迎冬于北郊。"

此日祭祀所着衣装、所乘马匹、所用仪仗旌旗器物皆为黑色，以应水德。回朝颁布的政令要旨是抚恤孤寡以及为国捐躯的烈士，令民心安宁。至十月初一有寒衣节，是给过世的亲人烧寄纸钱及纸制的冠带衣履，夜晚在门外奠而焚之。冬至时则另有一番大祭，曰"腊祭"，那时除了亡灵还要遍祭诸神。

十月十五的"下元节"，也是古代的重要节日，道家将正月十五的上元、七月十五的中元以及十月十五的下元并称"三元"，对应天地人三位一体。将尧舜禹三皇奉为三位天官，有"天官赐福，地官赦罪，水官解厄"之说。

孟冬时节，人们建醮斋戒，将新收获的粮食做成菜饭、汤丸、糕饼、豆包祭祀。同时举办行会，搭台唱戏，酬谢神恩和先人的庇护，祈愿国泰民安。寄寒衣，斋三官，天上人间地府，处处都要照顾到，尽可能的周全温暖，是中国人处世的习惯。

一场场盛大隆重的祭奠，提醒着人们不忘先人，事死如生，慎终追远，只要烟火不绝，人世总有温暖的惦念和生生不息的希望。

立冬三候是："一候水始冰，冰水初凝，未至坚厚；二候地始冻，土地凝结寒气，未至于坼；三候雉入大水为蜃，雉是野鸡，蜃为大蛤。"立冬后禽鸟踪迹渐少，水里蛤类繁殖，古人看它身上花纹妍丽，误认为蛤是野鸡变成的。在霜降时古人就误会过"雀入大水为蛤"，解释都可以省略了。不过在古老的时代，某些蛤蜊的壳是可以作为钱币的，后来嵌螺钿工艺技法成熟，匠人精选细磨，投诸其中的匠心，使得贝壳变得如同海市蜃楼般美丽。

看立冬三候可以知道，初冬并不算特别冷。云南自是草木蓊郁，花开次第。江南、岭南也更近于晚秋。山依旧苍翠，水依旧明澈，枫叶银杏妖娆，风不比立春时更严酷，甚至带着和煦的气息。连日晴好的天气，有些树木会经受不住诱惑再度开花，民间将农历十月称为"小阳春"，正所谓"十月江南天气好，可怜冬景似春华"。

白居易眼中的杭州早冬是"老柘叶黄如嫩树，寒樱枝白是狂花"。苏轼眼中的惠州早冬是"一年好景君须记，最是橙黄橘绿时"，尽管地域不同，植物不同，但都是花枝招展、风和景丽。

只有西北、东北立冬后气温会骤降。有一年我从云南赶去哈尔滨签售，一个不察，险些冻倒在哈尔滨的立冬里，结结实实当了回寒号鸟，深刻认识到祖国地大物博、地域气温差异巨大之后长了记性，但凡冬天去东北都会翻箱倒柜全副武装。

冻归冻，邂逅初雪的惊喜远胜过寒冷。铁汉柔情的哈尔滨一旦下起雪来，立时化身红楼美人，仙姿卓然。这倒不是吹捧附会，大家应该能记得《红楼梦》中很多习俗就是满俗，大观园群芳雪后在芦雪庵联句，用鹿肉整顿烧烤，是很东北范儿的。

对于江南长大、云南长居的我来说，东北的水果算是匮乏，比较特别的水果是冻柿子、冻梨，口感奇妙，吃起来提神醒脑。我是小时候看《东北一家人》被"种草"①的。那部经典好笑的

---

① 网络用语，意为将自己所钟爱之物推荐给其他人，以激发他人的购买欲望。——编者注。

情景剧虽然写的是吉林长春，然而出现最多的镜头是东北的雪。

雨下得越大越喧嚣，雪下得越大越安静。东北的雪缄默而盛大，称得上倾国倾城。

以游客的趣味来看，中央大街还是有俄味的，那些花岗岩建筑平时看起来挺胸凸肚、笨重厚实，在雪中别有一种纤秾合度之美。

街上的老牌俄式餐厅有意识保持了旧日的情调和细节，我第一次去的是华梅，据说是可以与北京的老莫、新侨、马克西姆比肩的俄式西餐厅，这四家我都慕名去吃过，一律失望。比起法餐，俄餐确实家常且实惠，吃起来很有饱腹感，适合冰天雪地里关门闭户，阖家围炉品尝，然而也仅止于此了，还不如杀猪菜和开江鱼贴饼子对我的吸引力大。

后来去哈尔滨继续被盛情邀去了波特曼和露西亚等热门餐厅继续品尝，始终找不到感觉，俄餐从未撼动过我的味蕾。菜量忒大，味道浓厚，菜品单调，只适合用来怀旧。走的时候朋友热情洋溢地让我带大列巴，我说太大了，一个人估计得吃一个月，我还是去吃马迭尔吧。

喜欢在纷扬大雪中叼着马迭尔冰棍看索菲亚大教堂，亮灯之后流光溢彩的城堡，似乎只要再往前走几步，就可以进入童话世界。转身，映入眼帘的，是银装素裹的琉璃世界。

白雪皑皑，天地清旷、干净明澈，人世的忧患如雪花般轻盈，拂之即落。诸般经历只是游戏，笑一笑，伸手接住就好了。

雪后哈尔滨彻底满足了我这个重度冰雪爱好者的全部念想和热情，第一次玩冰滑梯，坐爬犁，都是在这城中。像傻子一样没心没肺地嬉闹，抵消了我童年赏雪不足的遗憾。江南的雪总是下得扭扭捏捏，不疼不痒，常常还没来得及欢喜，就化了。不像这里的冰雪节，可以持续几个月，见过的冰雕晶莹剔透，巧夺天工，冰灯亮起时如星河鹭起，画图难足。

心里有梦的人，不管多大岁数，到哈尔滨都能回到那份童真快乐。前提是全身上下四肢五官彻底做好防护，不然会冻伤而不自知。

只要能接受冬的本色——寒冷，冬季去哈尔滨是非常愉快难忘的体验。只是现在东三省的老年人习惯去三亚猫冬，我在三亚的街头感受到东北军，尤其是夕阳红军团无处不在的威力，与严寒对抗了大半辈子的东北老年人，将被东北冬天禁锢的文艺热情全挥洒在三亚了，把小渔村整成了大农村，遍布混搭的神奇笑点。

三亚堪称中国新移民城市的样本，在外贸街上看着满大街的东北烧烤，感觉很魔幻。海南是春天最早到来的地方，东北是冬天最早到来的地方，两地遥遥四千里，温差接近六十度，一个春天漫长，一个冬天漫长，现在被候鸟般的老人勾连起来，是很有意思的挪移融合。

不知道那些老人在三亚的海边载歌载舞时，会不会想念家乡雪后空旷、寂静的城，想念穿着貂儿走在灰色街道的感觉……真说不准，北方人无法体会南方人对雪的迷恋，一如南方人无法理解北方人对温暖的憧憬。

人总是念想着自己没有的东西。

还有一段哈尔滨的往事想提一下，是关于疫情的。那是1910年的冬天，满洲里首发鼠疫，随后由两名皮草商人带入哈尔滨，波及了整个东北平原，死伤无数。随后清廷做出应对，派遣天津北洋陆军医学院副监督伍连德为全权总医官赴哈尔滨，主持鼠疫防疫工作，当时北京、直隶、山东的医护人员也像今天的医护人员一样舍生忘死驰援哈尔滨。

那是宣统三年，中国人依然讲究入土为安，习俗导致鼠疫难以平息，伍连德临危受命，上书清廷要求焚尸，对内挑战国人千年的观念，对外有日俄虎视眈眈，难度及压力之大可想而知。幸得城中百姓士绅深明大义配合，通过交通管制，建立定点医院，戴口罩等今日依然行之有效的方法，控制住了鼠疫。

这段一百年前的往事，在这个时节想起，格外令人百感交集。

愿我们今日所作所为，也能改变一些旧的认知，为后人提供些许勇气和经验。

小雪·
篱边野菊正堪娱，戏把山楂串念珠。

关于雪的诗词很多，特地写小雪的不多，纵有也拘谨，是此时雪未至盛大的缘故。

"十月中，雨下而为寒气所薄，故凝而为雪。小者未盛之辞。"小雪是二十四节气中的第二十个节气，冬天的第二个节气。

《月令七十二候集解》上说小雪三候是："一候虹藏不见，二候天气上升地气下降，三候闭塞而成冬。"由于天空中的阳气上升，地中的阴气下降，导致天地不通，阴阳不交，万物失去生机，天地闭塞，转入严寒的冬天。

这三候写得跟悼文似的死气沉沉，索然无味。不似夏之小满给人小得盈满的愉悦，也不像小寒至少还见禽鸟踪迹。然而小雪分明是人们最喜欢用来当女孩名字的节气，显得纯真干净。谈吐之间，唤出别样的娇柔轻媚。

小雪三候难解释，在于古今理念差异。古人认为虹是阴阳二气所生，虹在冬日隐匿是因为阴阳不调，正常的现代人都无法背离常识去假装认同，其次，现代人不会觉得天寒地冻代表着天地闭塞，风晴雨霁，平林烟暝。冬日乘兴远游的人多的是。再次，现代人更不会觉得万物失去生机，此时草木虽凋，然霜菊正好，梅花早开，山河有清远嘉意，原野也变得素雅开阔起来。万物只是较其他季节更从容、沉潜而已。

"篱边野菊正堪娱，戏把山楂串念珠"这是小雪时节的乐趣。幼时外公给我串的山楂项链，拿到学校去被人羡慕了很久，项链玩散了也舍不得丢。分给同学吃，酸得龇牙咧嘴，还是冰糖葫芦好吃。

小时候滋滋冒傻气，很多认知过于一板一眼，觉得小雪就该下小雪，大雪就该下大雪，这样才叫节气么！结果江南小雪没雪，大雪没雪，有时磨蹭到冬至都不痛快给场雪，这不是欺骗感情吗！

江南一年四季绿油油，看起来很温柔，不代表气候真温柔。每到冬天最气人，雪不好好下，凄风苦雨，愁云惨雾倒是很多。气温陡降时，没有集中供暖的福利，除了靠空调、油汀①续命，

———————
① 指电暖气。

只能靠穿得厚来生扛。窃以为，这才是南北最大的不平等啊！

身为一个百事不会只会附庸风雅的人，我小时候做的最多的事，是在冷风瑟瑟中背诗词，意淫"六出飞花入户时，坐看青竹变琼枝"的佳境，或者假模假式泡杯茶，看着窗外，念叨着"晚来天欲雪，能饮一杯无"？以至于小雪、大雪时节都很伤感——乱云薄暮是真，哪有雪的影子，徒然有个念想罢了！

张岱写湖心亭看雪的文字，勾得我垂涎多年。也曾在冬天跑去西湖等雪，然而除了踩得稀烂的断桥残雪和莫名汹涌的人潮，哪有上下一白？

后来怒而迁居北方，小雪不见雪的情况依然时有发生，好在虽迟但到，随后雪下得频繁，出场次数多，弥补了曾经被骗的创伤。"燕山雪花大如席"不是李白的想象夸张，得到满足之后，对小雪的印象好了起来，甚至觉得它这少女般的任性，很值得怜爱。

从《月令七十二候集解》对小雪节气五迷三道的陈述中，可以解读出一条关键，就是古人也认为小雪时节才算真正入了冬。

没有雪的冬天是枯瘦平庸、无甚风情的。有了雪的冬，才有鲜衣怒马指点江山的风流。只要一场雪，天地立刻变得如水墨般淡远。哪怕是快雪时晴，只要稍近于范宽的《雪景寒林图》的意境，亦可称快慰。

小雪: 篱边野菊正堪娱，戏把山楂串念珠。 225

那年去五台山朝佛，去时尚觉晴暖，转天就落了雪，从文殊殿出来，山门外纷扬的雪，幕天席地，落得快意潇洒。陡然觉得天地清绝，尘虑尽消。踩着雪，走在山道上，在这落叶漫天的夕光里，一错步就走回到古画中，亲见了雪景寒林，寒鸦振翅，远山清杳。纵然冷得瑟瑟发抖，咬牙切齿，还是满心欢喜，由衷赞叹，这才是我心中的文殊圣境清凉山。

　　落雪如针，编织流光，绣出锦绣江山，也绣出梦幻泡影。

　　后来在天津博物馆见到《雪景寒林图》，巨幅山水。亲眼目睹时感受到气韵，无法用拙劣的文字来堆砌形容，只是庆幸自己曾走在类似的风景里，有那么一刻，心无挂碍地感知过天地的苍茫素净。

　　还有在台北见过的《快雪时晴帖》，其实只是王羲之给朋友的短笺，这样的信札，书圣平生写过很多封，寥寥数行言简意赅，是他一贯的风格。"羲之顿首，快雪时晴，佳想安善。未果为结力不次，王羲之顿首。山阴张侯。"此帖句读不明，才疏学浅如我，看不太懂书圣的意思，似乎是什么事没办好，致函回复。

　　书法上的佳妙之处我不敢乱说，也说不出新鲜话，不过"快雪时晴"四个字是深深记住了，非常符合小雪节气给我的印象。

　　小雪清佳，在于快雪时晴，冷香入怀，在于薄雪微寒，火锅沸腾。在紫禁城三希堂内，插梅焚香，品赏法帖名画是帝王的风雅，而毳衣拥炉吃羊肉，是平民的快乐。因循礼制，皇家要到冬至才大张旗鼓地吃火锅，不如百姓自在。

我研究过明清的宫廷吃食，不羡慕地说，皇家小吃过于喜甜，年节宴请吃的是氛围，规矩大于美味，中看不中吃，所以你看啊，民间传说里的皇帝微服私访，总是会被街头巷尾的吃食惊艳到。

中国人每个节气都爱吃，一年四季的馋，周而复始地吃，所以林语堂先生觉得吃才是中国人的宗教。立春要尝鲜，立夏要尝新，立秋后要贴秋膘，立冬后更要补嘴空。天地悄然，不寻点好吃的何以打发漫漫冬日？

号称大补且至鲜的羊肉再度闪亮登场，成为冬季美食的扛把子。羊肉被人抵触诟病的膻味因人而异，吃不惯的人怎么强求不来，比如我爸，闻味就躲。好这一口的人，比如我，涮羊肉、烤羊肉、羊蝎子、白水羊肉、爆肚、羊杂可以轮番上阵，百吃不厌。

大体而言，南方的餐桌上是各种羊肉煲占据主导，南方人吃羊肉酷爱红烧，花样甚多。我是典型的北方口味，爱吃北方的羊，钟情本味。

北方许多吃食都一言难尽，让人心生闻名不如见面、相见不如怀念的憾恨，然而涮羊肉例外。北京涮羊肉蔚然成风，一年四季都可以吃的涮羊肉，在冬季分外让人难以割舍，"晚来天欲雪，能饮一杯无"的不只是酒，还有大碗羊汤啊！

将红泥小火炉变成炭火铜炉更接地气，涮羊肉以锡林郭勒盟的苏尼特羔羊为上品。一定要鲜切的肉质才够鲜嫩，变色即熟，入口如坠温柔乡。小鲜肉以清水姜葱煮就，佐以北方冬季长囤的白菜、萝卜、粉丝、冻豆腐，即是神仙绝味。吃别的，就显得外行了——不如直接改吃四川火锅。

蘸料麻酱中加上来自内蒙古的野生韭菜花，那就更无可挑剔了。涮羊肉本就起源于内蒙古，至今北京的涮肉馆子，羊肉还是以内蒙古为主打的，宁夏的滩羊都撼动不了它的主流地位，至于甘肃、新疆就更鞭长莫及了。

每回有包邮区的朋友要给我递羊肉，我会假惺惺说谢谢啊！我家冰箱放不下，有时间到你们那吃就行了，一旦变成西北的朋友要给我递羊，冰箱立时放得下了，再买一个也无妨。我会雀跃地说，快快快，多来点，羊腿、羊排、羊杂、羊尾都要一点，要羔羊啊！谢谢、谢谢，爱你哟！这回谢谢说得真情实意，谄媚之情溢出千里之外，那股子热情好比饿狼，恨不能直奔远方，叼一头羊回来。

在北方，送羊肉是很被待见的。起码我这么多年，只有不够送，没有送不出的经历。

小宴清安，霜雪虽薄，不减情浓。小雪的节气物候无可深说，农谚亦是瑞雪兆丰年之类的套话，吃食倒还可圈可点。

舌尖的味道绵长丰富，可以找到南北互通的记忆。俗语有

"小雪腌菜，大雪腌肉"之说。生活中腌菜、腌肉的时间自然不会按节气指示到分毫不差。气温也不一定是大雪比小雪冷，人们会根据经验和习惯来调节。不过立冬之后腌菜和腊肉是各地通行的习俗，鸡鸭鱼肉鹅，或腌或熏，屋头檐下，高高挂起，打点出生活的朴实热切。

以往东北人立冬后爱囤土豆、白菜、萝卜、葱，论车买，蔚为壮观，放在雪里，吃的时候扒出一颗。现在商超方便，囤得没有那么夸张了。老北京人以前也有类似习俗，不过是放在菜窖里，没有菜窖就堆在院子里或阳台上，用草帘子旧棉被覆盖。这种呵护白菜的方式，隐约可见宋代人培植黄芽菜的流俗。

蔬菜吃久了都单调，需要用猪牛羊鱼来调和。

东北爱腌酸菜、灌血肠，南方爱腌菜、灌腊肠，配料和腌制手法的不同，演绎出微妙细致的不同。腌制的人均水准是南方更高。东北酸菜做法比较粗犷简单，基本上一学就会，拿来炖肉，撇去浮油后汤味清鲜，是北方汤菜里难得拿得出手的代表作。不撇浮油的话，就是寻常炖菜。

南方的雪里蕻用的是白菜家族的另一种青菜，腌制起来对经验和手感的要求更高，腌得好的，堪称下饭神器，用来烧肉、炒饭和炒年糕，做小黄鱼汤面都会令人胃口大开。那种鲜美是被窖藏过的，深藏不露、变化多端的鲜。

腊肠方面，用猪肉是主流，安徽和湖南总体偏咸，最爱是四川，有汉源花椒和二荆条助味，口感飞升，鹤立鸡群，广式的就显得甜了，适合做煲仔饭，可惜煲仔饭我又做不好，不敢有置喙的资格。

记忆深刻的还有南方此时陆续开始打糍粑和年糕（云南叫作饵块），一直备货到过年。将糯米磨粉、蒸熟，放入石槽中春打，是个力气活，幼时看大人吆喝，挥汗如雨，等待糯米逐渐变得粘连、慢慢成形的过程，是莫名的兴奋。新打出来的糍粑年糕软糯可口，韧劲十足，用油略煎至焦黄，蘸上红糖或豆糖，好吃得手舞足蹈，不到大人喝止，根本停不下来。

现在可以放肆吃了，却难找回童年的快乐，一来手打的少了，二来怕胖。

人生的某些快乐，真是过时不候。

山阴夜雪

蛰居江南时，每到大雪节气，都会想起《世说新语》
上记载的一段轶事：

> 王子猷居山阴。夜大雪，眠觉，开室，命酌
> 酒。四望皎然，因起彷徨，咏左思《招隐》诗。
> 忽忆戴安道。时戴在剡，即便夜乘小船就之。经
> 宿方至，造门不前而返。人问其故，王曰："吾
> 本乘兴而行，兴尽而返，何必见戴？"

王徽之这个人，除却家中失火慌张逃窜那次，平日都
很有个名士的样子，在《世说新语》里留下的段子多是任
性纵情的，比如雪夜访戴；比如去人家暂住，自作主张在
人家园子里种竹子；再比如听说人家有一片好竹林，招
呼不打就去了，压根不想见主人，直到气得恭候他的主人

把门关了，他反而觉得主人有性格，坐下来跟人嗨聊了一通；还有路遇桓冲，让他吹笛（梅花三弄）；下雨时二话不说冲到桓冲车里避雨，雨停了马上下车，也不说声谢谢；当参军不理庶务，不知道军需物资、马匹死活这些事，都是很不懂礼数、不负责任的。这种事偶尔为之是名士风流，做得多了，就显得幼稚轻浮。

王徽之所凭恃的，无非是自身的才名、王家的底气，以及魏晋时人对于名士的纵容。

魏晋时人习惯双标，同一件事不同人做，就会得到完全不同的评价，我们应该客观看待所谓的魏晋风流，不必硬替古人找补。有些任性就是任性。

不得不说，关于大雪的知名经典桥段，都是关于王谢家族的。王徽之山阴夜游珠玉在前，谢道韫的咏絮名句紧随其后。然而王谢风流暗含的凄凉却都在这雪中若隐若现了。

东晋之世，偏居江南，寒门子弟固然是倍受打压不易出头，门阀世家未尝不活得战战兢兢，时刻惕惕然。

百年富贵，如雪映月，说长久也长久，说短暂也短暂。荣华富贵终剩了一片白茫茫大地真干净。

曾为了《兰亭集序》中描写的上巳节雅集，去过春日的会稽山，探访过书圣笔下"崇山峻岭，茂林修竹，清流激湍"的兰亭，已不复原貌。还有鉴湖，贺知章笔下"春风不改旧时波"的鉴湖，早已化作桑田，有些风景是因为人而生动，一旦人不在了，怎么看都惆怅。

也曾在冬天去剡溪，没等到大雪，只冻得瑟瑟发抖，哆嗦着去喝了二两黄酒，干过这些附庸风雅的事之后，才想明白，有些地方今非昔比，只适合到此一游打卡还愿。想着身临其境，多半是会失望的。其次是要选对地方，比如要赏雪就去雪多的地方，要喝酒就去酒好的地方。

在绍兴，比名胜古迹更值得托付的是黄酒，立冬之后至此，会赶上酿冬酒的繁忙时候，如果冬日出差到附近，总免不了心痒，去闻一闻酒香。黄酒犹如这城市的血液，千年以来，它的气质里早已浸润了黄酒的香甜、微醺的散漫。

最惬意的事是临水而居，在雨夜温一壶冬酿，读陆游的诗，品味他辗转无奈的一生。

陆游写雪的诗很多，有"檐飞数片雪，瓶插一枝梅"的清雅，亦有"衰残失壮观，拥被听窗声"的惘惘。雪，是他不能释怀的同心离居，是他飘零四散的壮志未酬。

山阴道上雪重叠，像沈园的落花，值得用余生铭记，梦中依然盼着见你，在这落雪如蝶的季节。荒村野桥雪凄迷，似这国势之倾颓，朝政日非，想看到北定中原，此生无望。

闲居乡野多年，无一刻放下对国事的忧念。在掩耳盗铃自我麻痹的时代做独醒者、清醒人的痛苦，远甚于在太平年月里当一个平庸的人。内心有深长的寂寞、翻涌的热血却无处投递，只能长夜漫坐，温酒浇块垒。

　　"铁马冰河入梦来"，天地间绵绵不绝的雪，似他最后的喟叹。

大雪：应是天仙狂醉，乱把白云揉碎。

冬天像磅礴的古乐，严谨的平衡里藏着微妙的渐变，从小雪到大雪的过渡就显出这种美好。

"大雪，十一月节。大者，盛也。至此而雪盛矣。"

《月令七十二候集解》将大雪分为三候："一候鹖旦不鸣，二候虎始交，三候荔挺出。"鹖旦是寒号鸟，喜欢在寒风中鸣叫，而此时天气冷到寒号鸟也不再鸣叫了。寒号鸟是被小学课本渲染，与勤劳的喜鹊相比，懒得令人印象深刻的鸟。据陶宗仪的《南村辍耕录》记载，寒号鸟活跃在五台山一带，盛夏时羽毛绚烂，堪比凤凰，至深冬严寒之际，毛羽脱落，索然如雏，遂自鸣曰："得过且过。"不知现在的寒号鸟在文殊菩萨的加持下，有没有改掉习气毛病，开启一点智慧，懂得未雨绸缪。

第二个五天，老虎开始发情，有求偶行为，身为百兽之王的老虎，确实应该拿来做冬日物候的代表，不然二十四节气里涉及的兽类未免太少了。第三个五天出现的荔不是荔枝，而是马薤，比蒲草更小，俗称马兰花。《本草纲目》中说它的根可以拿来做刷子，我小时候似乎见过这种锅刷，用起来很轻便，但那时候不知道是荔草根做的。吃货只知道古人说的薤是藠头，可以泡着吃，用酸菜炒了很下饭。

　　大雪紧随小雪而至，气质也接近，是表述降水的节气，是雪量增大，从落雪盈盈到积雪皑皑的过程。冬天的节气表面看来变化不大，不过是从冷到更冷、从收敛到松动的过程，不会像春天的节气那样锣鼓喧天，热闹得明目张胆。

　　春天像一只欢腾骄傲的孔雀，从南到北极力招展着美丽，而冬天像一只蛰伏的、习惯冬眠的兽，因为力量巨大，反而沉稳低调不屑张扬。往往是一觉醒来，发现身边有万物生发的气息，那很好呀！你们忙，我继续睡。

　　这般酣睡，恰好契合李白的诗："处世若大梦，胡为劳其生？所以终日醉，颓然卧前楹。觉来眄庭前，一鸟花间鸣。"

　　冬日是适合安守、入定、修行的季节，也有令人惊动的奢华。看檐下雪层层深重和看庭前花渐渐怒放是不一样的感觉，却有着相似的欢喜。最耐寒的花其实不是菊花，不是梅花，而是雪花。最耐看、最好打理的花，也是雪花，变幻出不同的形态，还不需要刻意打理，多么的善解人意。

《东京梦华录》载："此月虽无节序，而豪贵之家，遇雪即开筵，塑雪狮，装雪灯，雪□以会亲旧。"

中国的农历历法是独特的阴阳合历，并用太阳和月亮两个标准，二十四节气是按照地球绕太阳公转的黄道阳历而来，传统节日是按照月亮圆缺的阴历而来。大雪和小雪都是没有节日的节气，然而丝毫不影响人及时行乐。

大雪纷飞比小雪盈盈多了几分玩乐之趣。"琉璃世界白雪红梅，脂粉娇娃割腥啖膻"指的是大雪天气。

《武林旧事》亦载："禁中赏雪，多御明远楼，后苑进大小雪狮儿，并以金铃彩缕为饰，且作雪花、雪灯、雪山之类，及滴酥为花及诸事件，并以金盆盛进，以供赏玩。"饮宴、赏雪、塑雪狮、冰嬉，乃至塑酥油花，古人喜欢的活动与现代人一般无二，讲究处更为讲究。

大雪封河之时，还有一件重要事——藏冰，皇家派凌人驱使冰户，储藏冰块，以备夏日之用。古人藏冰除了避暑防腐，还有祭祀荐庙之用，宗庙大祭时，盛冰于鉴内，郑重其事奉到案前，作为供品。

唐代蓝田冰好，由此产生世袭的冰户，市井之中不乏商贾囤冰谋利，总归是奢侈品。后来人们生产火药时，意外发现硝石溶解可使水结冰，掌握了制冰技术的古人从此不再局限于严冬采冰。市场上出现了更多卖冰的人，冷饮兴盛起来。宋代花样愈发繁多，冰水里除了蔗糖还加上水果冰粉。元代往冰饮里加了牛乳，不说与冰激凌相差无几，只能说和奶茶很接近了。

"画堂晨起，来报雪花坠。高卷帘栊看佳瑞，皓色远迷庭砌。盛气光引炉烟，素草寒生玉佩。应是天仙狂醉，乱把白云揉碎。"这首词传说是李白写的，但李白存世的词本就不多，多半还是托名之作。此词气调更近于宋人手笔，说成李白的词作，应该是后人看了"应是天仙狂醉"这一句产生的误解，谁叫诗仙名声大、酒名在外呢！

这首《清平乐》令人想起朱门碧户、紫禁城中的萧然大雪，清凉华美。写雪的诗词当然不乏凄苦寒酸、自伤身世的，但总体格调清贵，比起写雨的诗词，少了几分凄怨，多了几分安静恣意。清绝如"千山鸟飞绝，万径人踪灭。孤舟蓑笠翁，独钓寒江雪"，乍看萧索，细品亦萧壮，出尘离俗。

雨让人生情生闲愁，雪让人清净心忘俗，让尘世闪亮升华。"江山不夜月千里，天地无私玉万家"是写得极漂亮的句子，雪月辉映的气势不是淅沥缠绵的雨可以比拟的。若论深长，亦有深长的意味。

如此深爱雪，是深受边塞诗的影响，大雪纷飞多与征戍有关。山河长歌，有雪如诗。边塞诗中，光有瀚海沙漠也不行，少了雪，便显不出边地的孤悬世外，体现不出战斗的艰难和奇袭得胜的传奇。雪月和朔风一样，是边塞诗气吞万里、画龙点睛的所在。

那羌管胡笳悠悠吹起时，须有霜风雪月作伴，才能吹出关山万里、梦魂难寄的凄壮。

曾经震撼岑参的奇景："忽如一夜春风来，千树万树梨花开。"要在寒冷北方、寂静高原才有机会目睹。见之不悔，见之无憾。这般一掷千金、旁若无人的美，才对得上张岱文中"天与云与水，上下一白"的至景。

无数次想象在边塞策马扬鞭的快意，后来变成了开车，也甚称意。大雪簌簌，天地清肃，人如芥子，山若须弥。人只是这广袤天地中的一点，雪泥鸿爪。

记忆中最美的雪，不是在岑参曾待过的轮台邂逅的，而是在阿里大北线遇上的。现在想起来，还是像梦一样。那也确然是梦中发生的事。

彼时车窗外是绵延的山脉，山峰上陈年积雪未消，一马平川的戈壁，乱石荒滩，漫长得没有尽头，看久了困意来袭，在车上一觉醒来，陡然发现自己进入了一个素白如梦的世界。

山水凝滞，只有雪下得如痴如醉，如诗如歌。

心底期待已久的画面，以不动声色的方式出现在眼前。那一刻才知晓何谓天地有大美而不言。

与清净天地、庄严山河劈面相见的欢喜，是诸佛的加持，会永生铭记。

冬至：
天时人事日相催，冬至阳生春又来。

在古老的岁月里，有这样一个节气，容纳得了四季繁华，却也空寂如太初。它就是冬至。在尘世间，也有这样一座城，不管朝代更迭，问鼎逐鹿，千秋万世，月落星隐，她始终伫立在梦想的最高处。

从这本书落笔的那一刻起，我就想把冬至留给西安——准确来说，应该说是长安。

杜甫老来播迁，曾借着冬至节怀念长安："年年至日长为客，忽忽穷愁泥杀人！江上形容吾独老，天边风俗自相亲。杖藜雪后临丹壑，鸣玉朝来散紫宸。心折此时无一寸，路迷何处是三秦？"

杜甫当然是在缅怀盛世的长安，他嗟叹得老苦，实际上也是在怀念往昔龙首原上风华正茂的大明宫。

那些年他一直在长安打拼。两次科考落第，堂堂官家子，一样受尽了冷眼，好不容易得到的工作也是主管仓储的不入流小官。那一年他终于回到长安，和王维、岑参、贾至参加了一次大明宫的朝会，这是平定安史之乱后，肃宗还朝的朝会，表面看来颇有几分中兴之势。替皇帝草拟诏书的中书舍人贾至写了一首《早朝大明宫呈两省僚友》，贾舍人求点赞，王维、岑参、杜甫都和了。

彼时资格最老、诗名最盛、亲历过大明宫繁盛岁月的王维最信手拈来，一句"九天阊阖开宫殿，万国衣冠拜冕旒"，写出了当年万国来朝、四海宾服的气势。岑参写得不过不失，杜甫就写得拘谨。

"旌旗日暖龙蛇动，宫殿风微燕雀高。"——他上朝时注意到的是宫墙上飞过的燕雀……不能说不好，只能说……他吃过这盛世的苦，却没有享到盛世的福。

他就像燕雀一样飞过宫墙，远远地看了一眼风光。尽管如此，他还是怀念着那段短暂的、可以出入大明宫的黄金岁月。同样，他也是怀念长安的风俗。

虽然各地冬至的风俗大同小异，可长安被认为是最早制定冬至节的城市，也是官方最早将冬至定为二十四节气之一的地方。从周代开始，这千年古都对冬至的重视就非他处可比。

周礼是基础，汉代定性，魏晋重视，要经过唐人对冬至祭天的重视，才真正稳固地影响了后来的朝代，长安城作为七世纪世界上最宏大的城市，它的威仪繁华，包括节气礼俗都影响了那时来大唐学习的日本、新罗的遣唐使。

古人很重视"四始"，即岁始、时始、日始、月始。春节是岁始，立春是时始，冬至是日始。"一年之中，冬至日起，白昼由短而长，亦可谓日始。"

冬至和夏至是可以互看的节日，两"至"皆有极致之意。夏至时，昼最长、夜最短；冬至时昼最短、夜最长。夏至时是吃了"夏至面，一天短一线"，冬至时，是"吃了冬至饭（饺子），一天长一线"。夏至时，古人认为，阳极之至，阴生，君道短，故祭而不贺，百官放假三天；冬至就不一样了，给假七天。单从假期长短来看，也是冬至更受重视。

《月令七十二候集解》载："冬至，十一月节，终藏之气至此而极也。""阴极之至，阳气始生。"《后汉书·礼仪志》李贤注："冬至阳气起，君道长。故贺。"其实不免质疑，夏至的阳气最盛，怎么就是君道短了？这是阴阳流转的理论中无法说服我的部分，只能存而不论。

冬至的物候是："一候蚯蚓结，二候麋角解，三候水泉动。"比较好理解。按照古人的理论，蚯蚓属阴，在冬至时会打结，后两个物候，性质都是属阳的，感阳气萌动会有所显现。客观地说，麋鹿角在冬季脱落是对的，水泉动不动（冻不冻）就要看地方了。

先民在冬至时通过观测地气发现竹管里芦苇灰浮动，认为冬至时阳气开始滋长，生养万物，故曰冬至为德，此时是阴阳转枢的关键时刻。不单要贺，还要认真地贺，热烈地贺。冬至之前，臣子们已经开始留意搜罗祥瑞喜庆的事，准备写成奏疏上奏君王。

如果此时有雪降临，那免不了一篇篇瑞雪兆丰年的锦绣文章递送上去，实在年景不好，也要搜肠刮肚安抚一番，贺一声"冬至一阳生，天时转日长"。强调冬至来临意味着转机已至。冬至的贺语"迎福践长"，包含着人们在苦寒冬日对来年的期待和憧憬。

"天时人事日相催，冬至阳生春又来。"虽然冬至是冬日的第四个节气、二十四节气的第二十二个，但古人在心理上是将冬至当作万物生长周期的真正起点，周朝以农历十一月初一为岁首，冬至在十一月初一之后，被称为"亚岁"，是日要举行隆重的祭祀，以期神灵庇佑国泰民安。到了汉代，正式确定了皇帝在这一天要去南郊举行祭天大典。

今人相对熟悉的是明、清祭天大典。祭天之前，皇帝入天坛斋宫沐浴斋戒三日，戒荤酒色，以清心寡欲的态度以示对上天的敬意。大典是一年之中礼部最忙的时候，要准备祭文，下属的神乐署和牺牲司等直接参与祭天的部门要巨细无遗地做好万全准备。

大典当日，皇帝和百官几乎一夜无眠，祭天大典一般是在

"日出前七刻"开始，天亮之际结束。次日，皇帝于太和殿临朝接受百官朝贺，可以说是最高规格的祭典。

唐时祭祀昊天上帝的圜丘位于长安城正南门明德门外，是以黄土夯筑而成的圆形高台式坛体建筑，平面呈四重同心圆形，由隋人辛彦之在前朝的基础上设计而成，圜丘凡四层，各层十二陛，各层高度为八尺一寸，各层面径均为五的倍数，符合《周易》的九五之数，其规制为后代所继承。圜丘是天坛的古称。论起来，隋唐圜丘的历史要比北京的天坛早一千多年，是名副其实的"天下第一坛"。

公元618年，李渊称帝建唐朝，仍用隋朝圜丘祭祀："每岁冬至，祀昊天上帝于圆丘，以景帝配。"唐代19位帝王均于此地祭天。

祭天次日，皇帝在大明宫含元殿接受百官朝贺，诸州及诸藩贡进贡物，大赦；赐官吏职位与赏物；天下大酺三日（京城五日）；免租税；敬老、赐老；褒奖孝子顺孙、节妇义夫。至于"鼓瑟吹笙"，奏"黄钟之律"，设宴以示庆贺，更是题中应有之意。

冬至过后，便进九了，最期待的事情是等外公给我画"九九消寒图"，每天涂一朵梅花，我总是偷着涂好几朵，然后再缠着外公给我画，这是记忆中关于冬至书房里长久的小快乐。外公教我爱惜字纸，会将练字写废的纸用心收集起来，单独起炉子烧掉，不会随手拿来擦东西。我后来看白居易的诗才知道这是"拜烧字纸"，是对文字纸张的尊重。

小时候会背《九九歌》："一九二九不出手，三九四九冰上走，五九六九沿河看柳，七九河开，八九雁来，九九加一九，耕牛遍地走。"梅花涂了一朵又一朵，歌背得滚瓜烂熟，江南的冬天该冷还是冷，只有炉火和阳光是慰藉。

读书时最恨冬天，要从温暖的被窝挣扎着爬出来，哆嗦着穿上又厚又重的毛裤棉袄，走在路上总是冷得头脑清醒、心情抑郁。还会生冻疮，上课时痒得钻心，要用桌椅狠狠抵住。那时见识浅，不知道北方有暖气，想到凛冬的来临对家境贫寒的古人而言，恐怕是更难熬的。

《后汉书》说冬至前后百官绝事，不听政，但古人也很自相矛盾，一边强调着一阳初生需要呵护，安身静体是必须的，一方面又交相出谒，互相拜冬，追求热闹。

唐朝的冬至，官给假七日，仆给假三日，可谓举国同庆。民间随之将冬至当作仅次于过年的重大节日来庆贺。祭祖、互贺、宴请，热闹不亚于过年。

事死如生，祭祖对古人而言当然是头等大事，也是彰显后人勤勉度日的重要仪式。是日除了备办祭品、酒水、糕点宜丰盛，家常都吃萝卜、青菜、豆腐等以示不忘根本，清白度日。

清明和冬至都是扫墓的大日子，人死三年挂春纸，三年后挂冬纸，在潮汕地区，冬至扫墓的人比清明更多，因为气候和暖，行走祭拜也方便，同时可以避开春耕大忙，江南是有冬至迁坟修墓的习俗，到清明便不再动。

去年帮父亲迁坟，选的就是冬至时节。冬至时回到江南，没有供暖，感觉比北方还冷。想到父亲在九泉之下会更冷，心中又是一阵酸楚。迁坟那日微雨，合墓时云开雨散，相信是好兆头，可是父亲不在了，那种悲伤像被硫酸烧灼着，痛一层层地从心底弥散开来，是很难彻底愈合的伤口。

杯酒浇坟土，斯人难再回。人世的一期一会，我是在父亲过世之后，才刻骨铭心地体会到。

回家时，煮了一碗汤圆，是喜欢的枣泥馅，以往都是父亲给我搓的，现在没有了。想着，就怔怔地落下泪来，那碗汤圆，没吃下去……我一直以为自己足够坚强，起码在日常的日子里显得若无其事，其实心里还是伤的。后悔当初没有和他在一起久一点，对他更无微不至一点。

山河岁月空惆怅，今生今世已惘然。

说点开心的事吧。冬至亦称冬节、长至节，南北同欢，穿戴新衣，提筐担盒，充斥道路，形同春节。《东京梦华录》载："十一月冬至，京师最重此节。虽至贫者，一年之间，积累假借，至此日更易新衣。备办饮食，享祀先祖，官放关扑，庆贺往来，一如年节。"

《清嘉录》载："郡人最重冬至节。先日，亲朋各以食物相馈遗。提筐担盒，充斥道路，俗呼'冬至盘'。节前一夕，俗呼'冬至夜'。是夜，人家更速燕饮，谓之'节酒'。女嫁而归宁在室者，至是必归婿家。家无大小，必市食物以享先，间有悬挂祖先遗容者。诸凡仪文，加于常节，故有'冬至大如年'之谚。"

围坐饮冬酿，让出嫁的女儿回自己家操持年节，这都是我记得的江南旧俗。夫妻间有矛盾，趁着年节也和好如初，不然就难看了。这些节俗里都有人情世故婉转进退的余地。

冬季虽然看起来清冷严肃，然而节日真不少，从冬至到春节都是重大节日。每一样都很耗精力，也不少花钱。除了祭祖、拜冬之外，另一项冬至的重大事情是拜师祭孔。中国人历来尊师重道，古代更是讲究礼数，旧俗要宴请教书先生，先生要带领学生拜孔子牌位，学生要给先生准备节礼，起码要有菜有肉，"冬肥年瘦"之说不算空穴来风。家境一般的人家如果在冬至时就将年货消耗得差不多了，那么过年时就只能俭省一些了。

说节必定要说到吃食。冬至时的节盘是以饺子、馄饨、汤圆为主。南北饮食喜好或有差异，却左右逃不出这三样围攻。三样之中，饺子最受北方群众欢迎，相传医圣张仲景告老还乡时看到百姓生病受冻，很多人耳朵都冻坏了，便用羊肉和驱寒药材做成驱寒的药食给百姓吃，此方名唤"驱寒娇耳汤"，后来形成了冬至包饺子的习俗。

其实饺子和馄饨在唐以前算是近亲，三国时期称作"月牙馄饨"，南北朝时期称"馄饨"，唐代称"偃月形馄饨"，宋代才成为

"角子"，元代依然叫扁食，到清代才定名为"饺子"，与南方的薄皮馄饨区别开来。

作为我心中主食的天堂，西安的饺子当然是值得一提的。俗话说"冬至不端饺子碗，冻掉耳朵没人管"，南方人可以忍住冬至不吃汤圆、馄饨，但北方人的饮食抵死离不开饺子。

西安的酸汤饺子在北方的饺子大军中必须拥有姓名。酸汤饺子用牛羊肉做馅，具有北方饺子的典型体征，壮硕饱满。与众不同的是加了牛羊油和甜醋熬的酸汤，配上油泼辣子，酸香开胃，又香又辣，口感醇厚，唯一的缺点是太大了，胃口小的人吃完一碗基本就吃不下别的了。

我在西安常有眼大胃小的痛苦。腊牛肉夹馍、葫芦头泡馍、羊肉汤、胡辣汤、葫芦鸡、小酥肉、凉皮酿皮、biangbiang面、油泼面、蒸饺包子、甑糕、八宝稀饭，单拎出来，每一样味道都不赖，然而分量忒瓷实了，口味又不算清淡，经常一天只能吃一顿。想我去了西安这么多回，还是没能把洒金桥附近的知名小吃店撸完，而且口味都很近似，差异小到只有本地人的舌头能够分辨出来。

百吃不厌的，始终是西安的羊肉汤配肉夹馍，还有柿子糊蹋。说起柿子，以前看过一个偏方，说是在冬至这一天把柿子放在窗台上冻上，冬至是数九的第一天，以后每到一个九的第一天，吃一个冻柿子，可以止咳。我没有咳嗽的毛病，但确实超级喜欢吃冻柿子，尤其喜欢火晶柿子。在《长安十二时辰》里看到张小敬呼哧呼哧吃水盆羊肉，拿着麦秆吸溜火晶柿子，顿时引为同道中人。

应该随着张小敬回到唐长安城。长安城东有著名的灞桥，此桥为秦穆公所造，彼时秦穆公称霸西戎，意气风发改滋水为灞水，建石墩桥于其上，故名灞桥。现存桥为隋开皇年间所建，唐时河边有驿站，河岸植万株杨柳，春来飞絮蒙蒙，此景被称为"灞桥风雪"，是古"关中八景"之一。

年年柳色，灞陵伤别，灞陵折柳是唐长安人送行必做的事情。那杨花柳絮遮岸也似冬日飞雪，人生有很多轻愁是难以消解的，毫发常常重于泰山。

走入城中，远远看见慈恩寺塔（大雁塔）高耸入云，那是玄奘大师归来供奉佛像经书之地。任凭时光堆叠，我始终对它怀有无可消解的依恋和敬意。它所守卫的大慈恩寺是当年长安城内最神圣的伽蓝。

与大雁塔相应的，是继玄奘法师之后西行求法的义净法师归国后所建的荐福寺塔（小雁塔）。与玄奘法师不同的是，义净法师选择的是海路，就是下南洋的路。他曾在广州光孝寺弘法，因为他，光孝寺有了与长安勾连的因缘。

二寺同为皇家寺庙，同有西行载誉归来的高僧驻锡。二塔同为藏经之所在，被称为姐妹浮屠。长安古俗"雁塔提名，曲江流饮"，大雁塔是唐代举子登第之后必然要去的地方。相应地，小雁塔成为明清武举人登第之后要去的地儿，如此一文一武皆有落处。

雁塔之名的由来，据说是玄奘大师在《大唐西域记》记载过的古印度故事，说是有一年饥荒，僧人行将饿死，有大雁飞来，落于寺中，僧人为感念菩萨恩德，在雁落处造塔。还有一种说法是取经路上，玄奘大师在戈壁荒滩上迷路，此时有鸿雁出现引领他走出迷津。

玄奘大师归国之后造的塔是印度佛塔制式，义净法师所造的塔是密檐式。两塔一大一小，如飞雁比翼翱翔，皆是盛唐繁华的见证，也曾共经患难沧桑。

小雁塔的"雁塔晨钟"是古"关中八景"之一。曾去撞过钟，虽然无缘听闻唐长安城的晨钟暮鼓，但这钟声会让我觉得离旧时的长安更近一些。

春来看花，夏日泛舟，秋来登高，冬来赏雪，红尘中最洒脱的事，是颠倒梦想，在深情的世间薄情地活着。

拈花惹草，笑看风月，用一枕黄粱，换一梦长安。

站在落雪的城墙上，凝视她往昔的容颜，也看到她转世之后的样子。她青春正好，我才像垂垂老矣的人，怀揣着千年的热情奔赴而来，鬓发成霜，两袖清寒。

不管去过多少次，她始终是我心头的朱砂痣，妩媚坚定而不世故。

　　离开时去悦椿泡温泉，点了一支梅花香，于水雾升腾中想起的，不是白居易的"春寒赐浴华清池，温泉水滑洗凝脂"，而是苏东坡那句"惟有王城最堪隐，万人如海一身藏"。

小寒：寻常一样窗前月，才有梅花便不同。

《月令七十二候集解》上关于小寒的记载是："十二月节，月初寒尚小，故云。月半则大矣。"

《月令七十二候集解》是一本不吐槽不能看的书，偏偏具有词典性质，写节气还必须要引用，看得我贼闹心！有时候恨不得拿个笔给它的批注画叉叉。根据书上的解释：小寒是农历十二月的节气，此时寒气尚小，所以叫小寒。

我就很无语，小寒是很具有欺骗性的节气，名为小寒，实则往往冷过大寒。小寒这个熊孩子虽小，破坏力大啊！作为一本阐述节气基本特征的古典名著（非名著），起码它应该试着解释一下小寒被称为小寒的真正原因吧，但是没有，想理解只能自力更生。

寒冷的冬季对古人而言，远比春天难熬，所以古人常恨春短，寒冷和交通的种种不便愈发显得冬天漫长。其实四季都是九十天，冬天并没有多吃多占。

小寒、大寒都是表述寒冷程度的节气，与之对应的是表述炎热程度的节气小暑、大暑，夏有三伏，冬有三九。古人对炎热寒冷高低的界定并非依据气温，而是基于主观感受。小寒时，天气虽冷，但人尚可忍耐。大寒时，人被漫长严寒煎熬已久，难免会觉得大寒更冷更难熬（大暑同理）。其次，小寒是天寒，大寒是地冻，古代的黄河流域从黄河封冰冻河的坚实程度上来说，是大寒更稳固彻底些。

小寒三候，俱是禽鸟。"一候雁北乡，二候鹊始巢，三候雉始雊。"第一个五天，大雁开始组队向北迁移；第二个五天，在向阳的地方，可以看见筑巢的喜鹊；第三个五天，雌雄野鸡开始鸣叫。我奇怪的是，古人居然不奇怪他们以为跳入海中变成大蛤的野鸡，居然又变回禽鸟双双对对地出现了。

人觉得小寒寂冷，可光看禽鸟的反应，小寒是一派欢腾景象。

在二十四节气中，只有白露和小寒是全以禽鸟为物候特征的。古人认为禽鸟得气之先，比人和花木更能敏锐地感知到阳气萌动。而人必须借助外物来探测。冬至前，古人筑室，将十二根长短不一、斜切口的竹管插入室内被布幔遮蔽、风雨不侵的土中，以候地气。每根竹管里都有烧过的葭莩灰（芦苇灰烬）。冬至日，第一根九寸长、叫黄钟的竹管里的灰烬会飘出来,同时发出轻微的"嗡"声，人们以此为阴尽阳生的标志。

这声音被定为黄钟，时为子，节气是冬至。冬至，一阳复生，到了小寒时，已是二阳了。阳气暗自升腾，此时花亦有信。

小寒时节最期待的花信是梅花，尤其是蜡梅，黄如蜜蜡，虬蟠老枝，横倚窗前，点缀出素白冬日的明洁。

蜡梅，名梅而非梅。《本草纲目》载：蜡梅，释名黄梅花。此花不属梅类，因其与梅同时，香又相近，色似蜜蜡，故得此名。范成大著《范村梅谱》列数十种梅，品定座次，排在最末的居然是蜡梅，我深深不以为然。蜡梅香好，岂可因其不是梅而辜负。"旧时月色，算几番照我，梅边吹笛？"姜夔应邀写于范成大石湖别墅中的词《暗香》《疏影》虽是借了梅花的由头怀人，但我觉得很合蜡梅之风流标致。

蜡梅在小寒时只是有个开的苗头，瓶插几枝不用肖想满室盈香。真要赏梅，还得等到一月份，信步于江南庭园。北京不好找梅林，找到了也无甚风情，远不及苏州园林香媚。在留园里头赏梅，经常想起那句短诗："只要想起一生中后悔的事，梅花便落满了南山。"

我没有后悔的事，只是怕冷，多年不曾回江南过冬，日子久了，苏州的梅香便和杭城的桂香一样成了心头一点朱砂痣、关于江南的绮思。

"寻常一样窗前月，才有梅花便不同。"

今年在网上买到了味道很逼真的蜡梅香薰，是重庆的蜡梅基地出品的，闻之如入梅林，开心得不得了，觉得文字都染了香气，写起来分外顺溜。香薰品牌叫普璞，推荐给和我一样迷恋蜡梅香的朋友——再过些时候，山茶和水仙会分别从云南和福建漳州运来，到春节时，相信会开得很好。

花如故人，看见山茶，便觉得自己回到了云南，而水仙是冬日案头必须要日日相见的清供，凌波之姿，杳然生艳，用尽虔诚的心去供养都心甘情愿。花开献佛，也是悦意。

人生有许多美好都是比较出来的，花在春日固然开得精彩，然而在冬日会分外令人期待。没有小寒的衬托，花开之美未必如此深刻动人。

妈妈过来之后，用老家带来的酸菜苔、腊肉煮菜饭，还有腊月里新做的豆腐来做锅子和蒲包肉，待客时总能得到一致好评。留一碗当宵夜，是熨帖肝肠的家常美味。经过霜雪打磨的青菜、腊肉、腊八豆腐都是时节风物，经久美好的馈赠。

因淮南王刘安炼丹之余发明了豆腐。安徽人从此擅长做豆腐，喜欢吃豆腐，堪称吃豆腐大省。老家皖南有做腊八豆腐的节俗，与北方的腊八蒜遥遥呼应，然而品类更丰富，变化更多端。老豆腐、嫩豆腐、豆腐干、千张、油豆皮、豆腐锅巴都可做成荤素皆宜的美食。

比起汪曾祺先生盛赞的"佐茶妙品"茶干，我更为钟爱凉拌臭干子，臭干子其实不臭，用卤水加芝麻粉和南瓜藤粉腌制，过水切块后，用水磨辣椒和麻油拌好即可，入口爽滑清淡。豆香是很温柔解意的香，淡淡的臭也是唇齿缠绵的臭。

就着话头来说一下腊，再说一下腊八。"腊"之意有三：一曰"腊者，接也"，寓有新旧交替的意思；二曰"腊者同猎"，指田猎获取禽兽以祭祖祭神，"腊"从"肉"旁，就是用肉"冬祭"；三曰"腊者，逐疫迎春"。

古礼要求人做到平然，无论丰歉，都要按时祭拜。不能丰收了就得意忘形，歉收了就心生怨念。"有年祭土，报其功也；无谷祭土，禳其神也。"丰收之祭，是为了报恩；歉收之祭，是为了消灾。

先秦、夏、商、周孟冬之月，形成"腊先祖五祀"的习俗。举行腊祭之日为腊日，夏代称腊日为"嘉平"，商代为"清祀"，周代为"大蜡"；东周后期，诸国分立，是孔子所叹惋的"礼崩乐坏"，腊祭难有定，只能说大约在冬季。秦汉一统天下，定冬至后的某个戌日为腊。到了东汉许慎著《说文解字》时明确记载："腊，冬至后三戌，腊祭百神。"

两汉是历法完善的时代，东汉确定将冬至之后的第三个戌日定为腊日，时在冬至后的一个月中，俗称腊月。腊八节是冬至之后腊月的第一场祭祀，循例多在小寒之后，四年一闰时会提前，有时会撞上小寒节气，成为最冷时节暖心热闹的祭祀节日。

除了例行的猪牛羊三牲，腊八最知名的祭品是腊八粥："合聚万物而索飨之也。"以八方食物合在一块，和米共煮一锅，取合聚万物、调和千灵之意，备受百姓喜爱。腊八本是纯正的中国节俗，东汉佛教传入之后，为扩大宗教影响力，主动入乡随俗，将佛陀成道日与中国本土的腊八节勾连起来，以牧羊女苏耶妲向佛陀供养奶粥的故事为起源，将腊八节定为"成道日"，是日，寺庙熬粥供佛并广开善门施赠百姓，号为"七宝五味粥"，亦称"佛粥"。

原本民间吃"腊八粥"是为了驱鬼邪、逐瘟疫、庆丰收、讨吉利（也有岳飞、朱元璋等起源说），但总体不如佛粥深入人心。经由佛教的推广宣传、历代官家的认可推动，腊八吃粥习俗的流传倒比原先更广。

今年是全民沉潜的一年，不太出门，雍和宫也因为疫情的原因没有做粥。往年的腊八粥都是雍和宫的，取回来，自己再加些新疆的葡萄干、杏干、红枣，分送给朋友。今年自己在家煮，味道是好的，但总归缺了些佛粥的安宁气息。

江南人习惯结伴去寺院喝腊八粥。有的勤快人会半夜就赶到寺庙里。这冬日里文武火慢慢熬出的粥，细腻绵软，香气扑鼻，让人温暖感动。

陆游在《腊节》一诗里写道："今朝佛粥交相馈，更觉江村节物新。"陆游是个对生活充满热情、观察细致、随手记录的好同志，他写节气的诗文可与各大节俗名著互证。《东京梦华录》载："十二月初八日，大寺作浴佛会，并送七宝五味粥与门徒，谓之腊八粥。都人是日各家亦以果子杂料煮粥而食也。"

《燕京岁时记》写北方的腊八粥与南方差异不大，重点是在记录雍和宫施粥："雍和宫喇嘛于初八日夜内熬粥供佛，特派大臣监视，以昭诚敬。其粥锅之大，可容数石米。"可见清朝时的百姓与今日一样，都热衷去雍和宫领腊八粥。

另据乾隆四十二年（1777）关于雍和宫熬粥食材领用的奏折中食材一共是13种。"广储司领用：大手帕十三个；小手帕五百六十四个，共银二百三两四钱六分八厘；官三仓领用：小米二石、黄米二石、粳米二石、绿豆二石、江米二石、红豆二石，共银三十两八钱；营造司领用：木柴一万斤，共银二十七两；办买：红枣一百斤、粟子一百斤、苓米二十斤、杏仁五斤、桃仁五斤、白葡萄二斤、黑糖一百五十斤、控米箩五个、小铁杓一百十把、白布四十尺、雇夫四十名、苏拉二十名，共银二十五两八钱九分八厘，此次熬粥共用银二百八十七两一钱六分六厘。"清咸丰以前，雍和宫要熬煮6锅粥。第一锅是供奉佛前的"神粥"，第二锅进宫奉皇家，第三锅粥赐给王公大臣和本寺的大喇嘛。前三锅粥里面有奶油和所有的干果料，后面的三锅粥越来越简单。第四锅粥是送给文武百官和各省大吏，第五锅给本寺的喇嘛，第六锅施与平民百姓。

平常信众布施僧侣，而腊八这天是寺庙回馈善男信女的重要日子，也是粥济贫寒的最佳方式。给予祝福、生活的信心。这种双向的布施、相互的付出，才是这个节日存在最好的意义。

写到节气时，反复思量，无论怎样比较，现代人都比古人幸福自由得多。再去饶舌感慨冬日枯燥寒冷便显得矫情。大多数的现代人，冬天不用担心饥寒交迫，因为生活物资丰富。寒夜客来，清饮小酌，只会添欢喜，不会增负担。古人终年劳碌，要靠祭祀求取的福德，我们现在可谓不费吹灰之力，更应惜福积德。

【小年】燕朔逢穷腊，
江南拜小年。

　　幼时大约在腊月，街上会出现卖爆米花的人，只要听见轰然一声响，便知道有人爆米花了，放学会求着大人给半簸箕米，欢快地奔向路边那个人群聚集的地方。看着爆米的人点火倒米加糖，捂着耳朵等属于自己付了钱的那一声响，兴奋且自豪，米花从长长的炮筒里流出来，有丰收的快感。新爆出的米花永远是热的，又香又甜，拎在手里，像个富翁。

　　俗语说"过了腊八就是年"，这是大人拿来哄小孩的话。正经说来，过了腊八离春节还有些时日，然而时间越到年底越不经用，腊月也确实有小年，因为实在诸事繁忙，需得有个彩排，查缺补漏。

过了腊八，祭灶，赶婚，赶集，加腌肉、菜、年糕、糍粑，备办诸色年货，乃至于剪窗花、扫尘，样样怠慢不得，样样都需花心思花时间，关键是样样都得花钱。

小时候没有财政大权，没体验过花钱如流水的感觉，见的是年节时的花团锦簇，从未想过年花钱的地方会很多。所以那时看《红楼梦》，见宁国府过年收了庄头乌进孝缴的租，那长得可以当裹布的租单，贾珍尚要发急，埋怨庄头孝敬得少了："真真是又教别过年了！"十分不解，觉得这真是地主阶级对平民的剥削。后来想想，连庄头乌进孝都不能算彻底的平民了，起码是脱贫了的平民。

没脱贫的平民，过年过节时，那才叫一个捉襟见肘，俗语说的"年关难过"。

对于在外做工的人来说，旧时小年之前做尾牙的那顿饭，如果年成不好，是会吃得格外提心吊胆的。旧时福建、台湾的商户有祭祀土地神的习俗，一年中会做两次牙，二月二龙抬头的那顿饭称之为头牙，腊月十六的饭称之为尾牙，东家以鸡鱼款待雇工，据说上桌时，桌上的鸡头鱼头对着谁，谁就会被解雇，如果东家没有解雇人的想法，就会把鸡头鱼头对着自己，大家见状就可以松一口气，安心吃饭了。

倘若吃了尾牙宴不被东家辞退或克扣工钱，不欠外债，这个年就可以真地放下心来，攒足劲头，欢天喜地地过了。旧时的规矩，就是讨债也要在小年前——为的是让人有心情过个好年。

做尾牙的习俗到今天，似乎变成了年会。现代的老板一般不会特地选在小年前裁人，大公司反而是发年终奖、抽奖比较多，年末的聚会是要的，为的是皆大欢喜、宾主尽欢，来年更加齐心协力。

祭灶俗称小年，祭灶就是祭灶君，据说灶君是有保护人间的大功德的。传说中有个恶神叫三尸神，他专爱搬弄是非，说凡人如何坏，把人间描述得不堪，玉帝听了他的奏报，让他在那些行为不善的人家做好记号，等王灵官去查证惩治，三尸神兴高采烈地命蜘蛛结网，将人间做满了记号，然后坐等着人间降灾，此事被灶君知道了，好在灶君神多力量大，赶紧分头提醒自家看护的人自小年开始粉刷墙壁，清扫掸尘，将屋内外打扫干净，这样三尸神命蜘蛛做的标记自然就没了，为了不泄露天机，又能让人们认真主动积极地去做，灶君告诉人们，扫尘可以送穷去晦气。

这事的结果自然是恶神摧毁人间的阴谋失败，三尸神暴跳这句俗语可以用来形容三尸神的反应。玉帝见人间窗明几净，庄严洁净，龙颜大悦，降福人间，自是风调雨顺、五谷丰登，人间因此留下腊月扫尘去晦送穷的习俗。

说实话，灶君是我始终没搞清楚来历和神职高低的神祇。来历有说是三皇五帝中的黄帝，有说是火神祝融，有说是天上星宿，有说是人间浪子，有说是老妇，还有说是虫子变的……某些地方将灶王爷和土地神一样给配了夫人，土地公有土地婆，灶君也有灶母。

个人觉得火神祝融说相对靠谱，毕竟家家户户都要用火。祝融身为上古神祇，资历也够。

要说灶君神职不高吧，他被尊称为灶王爷，似乎可以直接跟玉皇大帝打报告，禀报天下善恶；说他神职高吧，家家户户都有一位灶王爷，整得跟派出所片警似的。我小时候一边跟着外公贴灶王爷像，一边念着上天言好事，下界保平安，一边想，我家这位上天述职的灶王爷，和见玉帝的灶王爷是同一位么？这要是家家户户灶王爷都上天回报，凌霄宝殿也装不下啊！难道说还有一位总领天下灶王爷的灶王爷，做了工作汇总，报给玉帝？

想归想，机智如我，乖巧如我，是不会信口乱问的，因为外公告诉我，祭灶就是为了给灶王爷封嘴，为了吃到那些糖，我也会格外乖巧懂事。

祭灶的祭品，南北大同小异，以甜食为主，随意发挥。爸爸在食品厂工作时，我家祭灶的食物格外丰富，光是灶糖就有花生糖、炒米糖、芝麻糖、麦芽糖、豆糖、龙须酥、云片糕、绿豆糕、核桃酥、赤豆酒酿丸子、甘蔗、橘子、豆沙包。

祭完灶就可以吃了，简直就是零食盛宴，怪不得灶王爷慈眉善目胖乎乎，零食尤其是甜食吃多了能不胖么！

其他零食倒也寻常，我最喜欢吃麦芽糖了，拿筷子搅一团，拿在手里慢慢玩，搅好的麦芽糖金黄剔透闪闪发光，扯出丝来，慢慢舔着吃，到现在我还会在网上买罐装的麦芽糖吃，这是童年乐趣，适合我们这种牙口不好的中老年人。

将橘子和甘蔗放在火上烤过之后吃，也是别具风味的。其实主要是好玩。据说江南小年生火盆是由举火把照田祈祷丰收的古俗演变而来，我觉得无须考证，这就跟北方祭灶时吃饺子一样——我想不出来北方人哪个节是不吃饺子的，同样想不出哪一户江南人家以前冬天是不生火盆的。

赶婚是指某些地方的人认为小年之后诸神上天开年会，行事禁忌较少，选在年前准备婚事的习俗。此时家家户户门户一新，各色物件包括钱粮都准备得相对充分，人也聚得齐，双喜临门、一举两得。

除了厨艺，铰窗花也是展现才艺的好机会。李渔曾赞苏州园林的花窗设计为"尺幅窗，无心画"。那是士大夫的娴雅讲究，落到寻常百姓家，花窗就变成了窗花，铰窗花是女子们冬日闲坐展现妙手巧思的好机会，通常会根据年份剪出当年生肖，喜鹊登梅、玉兔捣药等吉祥图案也多。

我铰窗花自然是不行的，连个喜字都铰得勉强，见过精美的窗花是在陕北的窑洞，越是朴素的农舍，越能通过窗花装点出喜气。现在家里挂的窗花还是西安的朋友送的。

　　大寒岁尽，须有红色点缀年味，才显得岁月张扬明艳。

大寒：寒夜客来茶当酒，竹炉汤沸火初红。

不知为何，发自内心地钟情于冬天，钟爱冬日的深邃与静谧。都说秋收冬藏，冬季并不曾吝啬地收藏万物，它只是用看似冷然的方式继续温柔地呵护着人世。

与冬天相比，香茶美酒醉花阴的春天略显薄幸，是可与之共度数夕的情人。冬天才是可以霜雪共白头的良人。在雪夜更容易体会到家人闲坐、灯火可亲的温暖。

《月令七十二候集解》对冬日的节气态度颇有些敷衍，写到大寒时例行无趣，减省到只有一句："十二月中，解见前（小寒）。"——大寒君好歹是一年二十四节气的最后一个，好比一个圆的最后一笔，怎么都不该只有这点排面吧。

其他的书如《授时通考·天时》负责一些，引《三礼义宗》云："大寒为中者，上形于小寒，故谓之大。……寒气之逆极，故谓大寒。"字数看着多了一些，依然无甚新意。可见大寒的形象在古人心中与小寒是差不多的，只不过此时天气更冷，故定名为"大"。

大寒有三候："一候鸡乳，二候征鸟厉疾，三候水泽腹坚。"此时母鸡开始孵小鸡了，鹰隼盘旋于空中寻找食物，冰冻得最为坚实。

鸡很常见，天气微暖就抱窝，鹰在江南就是神话般的存在。玩老鹰抓小鸡游戏那么多年，我是长到二十三岁"高龄"才见到真正的鹰。

在去萨迦寺的路上，第一次见到近在眼前的鹰，见识它捕食时的果断和迅疾，印象深刻。鹰自高空俯冲直下，利爪攫住一只旱獭，旋即飞走，整个动作一气呵成，快若闪电。

那一刻想起诗里说的"草枯鹰眼疾"，古人诚不欺我！那只旱獭的茫然和弱小也令我印象深刻，前一秒它还在草里探头探脑打量着我们的车，大约觉得我们是惊扰它晒太阳的不速之客，转眼间，它就被另一个不速之客抓走了……不是我见死不救啊！

大自然的残酷，有时残酷得不动声色，兵不血刃。

回程时在大本营见过一只飞得极高的鹰，抓拍下来，几乎是从珠峰山顶上掠过。姿态极其神骏，飞出了睥睨天下的气势。飞得那么高的鹰，当然是有资格睥睨凡夫的，人类历经艰辛做足准备才敢涉足的神山，于它而言，不过是闲庭信步。

拉萨是很少能见到山鹰的，近些年连色拉寺后山的秃鹫都少了。不过寒山见雪的风韵还是能见到。我知道它的某一部分正在消隐，但只要当这城市被大雪温柔覆盖，它又会变回七宝莲花之地。是俗世，又出离俗世。

雪后的阳光照在大昭寺的金顶上是美的，照在白塔上是美的，照在经幡上是美的，照在水上也是美的。每一种光芒都暗藏着不一样的光芒，表面的粗粝里闪烁着细如丝绒的美。

大寒来临的时候，疫情基本得到了控制。再有反复，人心也不会太过惶惶。这一年的时间，得到了历练，最重要的，是学会了反思和静守，耐过大寒，终会迎来暖春，这是人生可以信守之处。

回到拉萨，这城市依旧温暖明亮。这些年来，对拉萨的熟悉已经深入骨髓，会撇开夏天的旅游旺季，选择冬天的时候回来，赶得上过一个温暖的藏历年。

"寒夜客来茶当酒，竹炉汤沸火初红"是蛰居江南时冬日常自念想的场景，在拉萨却是常态。江南曾投注在我命里的梅雨豪雨，早已被拉萨的日光晒干，有一些记忆留在了江南，有春花秋水的艳，然而大部分的晴暖终是交付给了拉萨。它早已与我血脉相连。

在一壶酥油茶的醇香里，等一个冬阳明媚、落雪如春的早晨。

微笑着和陌生人同行，满心欢喜地诵经礼佛。在这里，不必想着将喧嚣的尘世抛在身后。它本身的热闹也是皎静的，如雪如莲。

没有其他好赘述的，将大寒节气落在这城中，是一年光阴，至此圆满。是弱水三千，悉归故里。

止息了颠倒梦想，安顿了颠沛流离。如那大雁跨越长空而来，这里的雪月风花，是千山暮雪后，最想看到的风景。

【跋】人生如逆旅，我亦是行人。

新年时去塔尔寺祈福，离开时有萧然大雪。

去到青海湖边，沿途是熟悉的山景，枯而不瘦，疏朗峻拔。更为熟悉的，是远处零落的汀洲，方寸沙石上的孤树蓼花，衬着清冽雪水，有宋元画意的岑寂，此情此景，恰合得上"草木岁月晚，关河霜雪清"的意境，不知不觉间，我竟也能体会了杜甫的心境。

外公业已过世多年，两年前父亲也过世了，我每年回藏地的重要事便是去寺庙为他们祈福回向，他们是我生命中至为重要的两个人，分别在不同的层面给了我庇护滋养。外公是一个陶渊明式的人物，投身在细碎的生活中，并不富裕，亦不显赫，总能在平淡中找到失落的美意，无论是对事还是对人，都讲求怡然自乐。这与他的妻，我的外婆，一位精明忧劳的江南女人，形成了极鲜明的对比。

而我的父亲，在公务员的岗位上做到退休，一生事功平平，不是能力不够，受限于性格刚直，不够圆融。值得称许的是他做事的风骨和对待朋友的态度，出手帮人时披肝沥胆，称得上有情有义。

我写节气，最终却写成了对他们的忆念。写的出四季风光，温柔锦绣，道不尽我心中思忆沉沉。

他们俱不是计较的人，亦都不算敏于言辞，但都是性情中人。我少时冷眼旁观，总觉得我父亲像是我外公的儿子而非女婿。我喜欢看他们相处，亦喜欢同他们相处。一个人少时所受的教育和影响，大抵会为往后余生涂上底色，略作修正。我本质性如烈火，杀伐决断甚为操切。若不是他们，我很难在困居江南时保持忍耐，亦很难在日后的生活中养出一副得失随心的性情。

湖中的汀洲像失落的梦船，我在河岸边想起他们，想起那些共度的时光，再次确认，此生缘尽，难再重逢。

逝者如斯夫，不舍昼夜。临波伫望，浮生寥寥。好在还有些流水今日、明月前身的情感留下，供我斟酌。

站在中年的交叉口，往事如惊鸿照影。我俯身看见昨日，扬子江边，他牵着我的手，慢慢地走……夕阳流水，孤鸿落霞，移步染金。那些晚景，温暖明亮，足慰平生。

他指着江上的乌篷船，对我说："孤帆远影碧空尽，惟见长江天际流。"他对我说这里是江左名郡，是李白最爱的小城，城中有他醉饮的谢朓楼，城外有他独坐的敬亭山。还有白居易、杜牧、韩愈相继来此寓居。

我对他说的点滴都牢记于心，只是他不知道，他紧握在掌心里的我，暗生认同的，居然是寓居二字，更早早生出了远走高飞的心，那孤勇到不可言喻的念头，是彼时不能坦然对他言说的心事山岚。

即使任性如我，也知道对朝朝暮暮照顾自己的老人表露决然离开的心意，是残酷忘恩的事，所以我惭愧地一边接受他的恩慈，一边暗自鼓劲，筹谋着来日的远行。

到他过世之后，我以工作为因由，彻底离开，此后偶回故里，形同过客，不是不凉薄的。

曾经觉得长大遥不可及，如今却觉得暮年触手可及。曾经想着海阔天高，要去到更远的远方，追溯久深乃至模糊的印记，现在却觉得念外身空，此心安处，何惧一隅。

始终未变的，是对这世间的嬉戏游赏之心。

回想起来，有些事当真是草蛇灰线，伏脉千里，彼时外公教诗词，只是老少闲居，开蒙日课的消遣，算不得高深，我们皆未想过我有朝一日会写诗词赏析，并由此获得职业声名。

他老人家教过我许多许多看似无用实则有趣的知识，给我讲过很多很多风俗掌故。通常是随顺物候，应时应景。譬如我们三月三一起去郊游时，他会告诉我，三月三是轩辕黄帝的生日，黄山是黄帝修道炼丹成仙的地方，踏青沐浴是《诗经·国风》里最常描述的习俗，而上巳节在汉代以后加入了曲水流觞的意趣，最著名的便是永和九年发生在会稽山兰亭的那次雅集，王羲之与天地的神会，完成了天下第一行书《兰亭集序》……寒食节不生火是为纪念晋国忠臣介子推，杜鹃鸟是古蜀国国君望帝所化，他心忧流散在外的子民，声声叫着布谷，催促他们回去耕种安居，望帝口中的血滴落在地，化作漫山遍野的杜鹃花……还有屈子伤国，自沉汨罗江，百姓为了纪念他，有了龙舟竞渡、缠五色丝线包粽子的习俗……

这些零星的讲述不见得精准，却如星辰散落在我的记忆中，成为日后我提笔写作的缘起。

节气亦如此。写这系列的文字时，我不断地自问反思，节气物候之于现代人的意义，究竟为何？古时节气重要是因其与农事耕作息息相关，那么现代呢？难道只是为了提醒习惯晚睡熬夜的人注意养生？养心护肝润肺贴膘早睡早起，避免秃头早衰猝死？

自然不是。人身衰弱易朽，生缘极少，死缘极多。无论如何悉心维护都会有衰竭报废的一天。故而要更懂得敬惜所有，领会天时气运，适时而为，不造不作。这些智慧在千百年的光阴中日渐形成并得以重复印证。

　　中国之节气，始于先秦，到西汉时基本定型，是先有二至（冬至、夏至）、二分（春分、秋分），再有立春、立夏、立秋、立冬。古人进而将一年四季细分为二十四节气、七十二候，五日为一候，三候为气，六气为时，四时为一岁，节气犹如命运的掌纹，是一根无形的引线，引动着春夏秋冬，牵连着从古至今的农桑风土人情。这些概念，视之为文化传统亦好，认知为心理常态也罢，总之与生活密不可分，拥有时不觉得出奇，失去了才知道遗憾不安。

　　2019年底暴发了疫情，过年时北京犹如空城，年味萧索。车行过街市有急景凋年之感，那时便觉得疫情或许是个沉潜长思的契机，让我们反思人与自然和时间的关系。

　　茫茫大块，悠悠高旻，是生万物，余得为人。人在时间中，如恒河沙数，人在自然中，是万物之一，并不比它物特别高贵或格外卑贱，只是习惯了自诩主人而已。叫嚣着人定胜天，一旦忘乎所以，失去了分寸和敬畏心，就会受到反噬。此乃古今中外颠扑不破的真理，是以前贤一再教导人要敬天礼地，存养行止。只可惜人未必能敬遵其意而行。

写这本书，并非崇古，刻意宣扬天人合一的概念，亦非因为生之惶惶，要靠迷信来解救。只因有一些思忆皎如日月，照出山河万朵，映衬人间烟火，在外游走的时间愈久，愈觉得，一年一岁一日一时一城一池一人一事都值得用心体味。

　　惟此百年，夫人爱之，藉由节气，我写到一些古城，一些古俗，一些古人，一些故事。万物生长，自有时序，红尘起落，盛衰无常，行走在天空下，大地上的诸般茫然，孤独喜悦，生命的来处、去处都值得追索。

　　人生如逆旅，我亦是行人。无论是否甘愿，最终，我们都会返身回到时间的洪流中，修补肉身，收拾行囊，再次启程。